麦田除草剂
安全高效使用与飞防技术

MAITIAN CHUCAOJI
ANQUAN GAOXIAO SHIYONG YU FEIFANG JISHU

陈国奇　主编

中国农业出版社
北 京

编者名单

主编：陈国奇

参编：陈京都　刘绍贵　吴加军　罗小娟
　　　　黄洪武　杨　进　丁　涛

PREFACE　序

　　杂草防控是小麦栽培中技术难度最大、最费工的环节之一。应用除草剂防除杂草省工省时、操作简便，且对小麦及后茬作物的安全性可控，因此化学除草仍然是小麦田杂草防控的主要技术之一。目前，对小麦、人畜、生态环境安全且对杂草活性高的除草剂品种还十分有限。利用好现有的高效、安全除草剂品种对于控制小麦栽培成本、保障小麦稳产优质、保护耕地可持续生产和农区生态环境安全仍然至关重要。

　　近年来，随着我国小麦栽培方式不断走向规模化、轻简化、无人化，麦田杂草草相也在发生变化，抗性杂草危害加重，杂草防控成本不断攀升。我国农业主管部门、科教部门、农药企业、一线小麦种植实体等开展了系列研发工作，积累了丰硕的杂草防控技术成果。

　　本书集成目前我国麦田登记使用的各种除草剂的安全高效使用技术与飞防技术，可以为种植户选用除草剂品种开展麦田杂草防控提供参考，并为从事相关工作的农技人员和营销人员提供参考。同时，也希望各位读者对书中的错漏之处进行批评指正，帮助作者在除草剂应用技术研究方面，朝着"先进、实用"的目标不断进步。

中国工程院院士：张洪程

前　言

　　杂草是我国小麦生产中的主要生物灾害之一，除草剂应用已经并将在今后较长时期内继续为我国小麦生产挽回大量的损失。利用无人机施用除草剂防控杂草（飞防除草）具有高效性、高适应性、省工、省时、节本等优势，在大面积生产中不断推广，作业面积持续扩大。目前我国小麦田登记的除草剂产品超过1 500个，但其中的活性成分仅有45种。本书基于我国小麦田除草剂品种登记信息（中国农药信息网）和各种农药商品包装上的标签信息，结合作者团队在小麦田除草剂研究和开发推广过程中多年的积累，并查阅《中国杂草志》《除草剂原理与应用技术原色图鉴》《中国农作物病虫害》（第三版），以及中国知网、Web of Science等网站上的相关资料，系统梳理了我国不同小麦主产区杂草草相和防控技术，逐一介绍各登记除草剂品种的使用技术和主要杂草种类及其化除技术、飞防技术等，以期为从事小麦生产、除草剂研发、杂草防控研究和应用技术推广等方面的相关人员提供参考。

　　本书承蒙扬州大学张洪程院士设计指导，并且得到了江苏省重点研发计划项目（BE2022338）、江苏现代农业产业技术体系建设项目（JATS〔2023〕249）、国家重点研发计划项目（2021YFD1700100）、江苏高校优势学科建设工程资助项目（PAPD）的资助，编撰过程中得到了扬州大学、扬州市农业农村局、科迪华农业科技有限公司、四川利尔作物科学有限公司、苏州富美实植物保护剂有限公司等单位的大力支持，并得到谢成林、蔺瑞明、黄元炬、沈雪林、田洁、卢毅等专家们的帮助和审阅，书稿图片采集得到了安楷、黄泽悦、薛佳豪、曹冰冰等人的帮助，在此一并深表谢意！

由于作者知识水平有限，书中难免错漏，敬请各位专家、读者批评指正。

编　者

2024 年 4 月于扬州

选用复配剂前应先查阅各种除草剂活性成分单剂的防治对象、特点和使用方法，田间施药时必须以所用除草剂商品包装上的使用说明为依据！

联系人：陈国奇

E-mail：chenguoqi@yzu.edu.cn

扬州大学农学院（水稻产业工程技术研究院）

CONTENTS 目 录

常用术语和定义

1. 飞防除草

利用飞机喷施除草剂防控杂草的方法，包括利用固定翼飞机和各种旋翼飞机施用除草剂。我国飞防除草的主要形式是利用小型植保无人机喷施或撒施除草剂。利用植保无人机喷施农药常简称飞喷，无人机操控人员常简称飞手。

2. 无人机喷施系统

搭载在小型无人机上，将拟喷施溶液雾化后从空中均匀喷施在目标区域的喷液系统。

3. 下压风场

无人机飞行过程中旋翼转动形成的向下风场，可以帮助药液雾滴快速沉降至目标区域。植保无人机的下压风场并不均匀，会导致药液雾滴不均匀沉降，进而造成施药不匀。通过改变无人机喷药作业高度和作业飞行速度可以改变下压风场的均匀性。

4. 土壤处理除草剂

也称为苗前除草剂、土壤处理剂，杂草出苗前或出苗过程中喷施于土壤表面而在土表形成一层药膜，主要通过杂草幼苗的根茎或禾本科杂草的胚芽鞘吸收，主要杀灭出苗过程中或 1.5 叶期之前的杂草群体。在生产中，施用土壤处理剂除草简称土壤处理或土壤封闭。

5. 茎叶处理除草剂

也称为苗后除草剂、茎叶处理剂，杂草出苗后喷施于杂草茎叶上，主要通过茎叶吸收杀灭杂草。在生产上，施用茎叶处理剂除草简称茎叶处理或茎叶杀草。

6. 除草剂药害

除草剂施用后对作物造成明显伤害或致死的现象，包括对施药田块当茬作物的药害、药剂扩散至田外导致对周边敏感作物的药害和药剂在土壤中残留导致对施药田块后续种植作物的药害（即残留药害）。

7. 除草剂防效

施用除草剂对杂草的防除效果，即除草剂施用后造成田间杂草生长停滞或被杀灭的效果。除草剂防效的常用调查方法包括目测调查防效、设置样框调查株数防效、设置样框取样调查杂草地上部分鲜重防效。

8. 除草剂飘移药害

除草剂施用过程中药液飘移或随水流扩散至施药区外，造成非目标田块的敏感作物被杀伤甚至杀灭的现象。

9. 内吸传导型除草剂

被植物的部分器官吸收后可在植株内传导到不同部位，进而起到除草效果的除草剂。在茎叶处理防控发生量大或进入分蘖期的禾本科杂草时，应优先考虑内吸传导型除草剂。

10. 触杀型除草剂

被植物吸收后不能在植株内扩散传播，只在接触到药剂的部位发挥除草作用的除草剂。

11. 纵横二刷喷法

一种植保无人机喷施农药的方法。该方法将药液分成两次喷施，每次各喷施一半的药液，两次喷施分别按照东西方向（纬线）和南北方向（经线）进行，在喷施完成后喷药路线织成网状。该方法可大幅提高药液雾滴在田间的覆盖均匀度，有效克服无人机风场不匀和药液雾滴随风飘移导致的施药不匀风险。

12. 草相

田间杂草群落特点，主要包括杂草种类、发生量以及生育期等。不同杂草种类及不同生育期或叶龄期的同种杂草对除草剂的敏感性可能存在巨大差异，因此针对杂草草相用药是高效化除的基础。

13. 禾草

禾本科杂草的简称。苗期生长点层层包裹在叶鞘内，并且禾草与小麦同科，亲缘关系近，具有相近的形态和生理特性，对除草剂的敏感性较为接近。因此，禾草常在小麦田形成严重草害，使用除草剂防控难度较大，容易出现防除不彻底、防效不佳或者小麦幼苗受到药害的情况。

14. 莎草

莎草科杂草的简称。形态与禾本科杂草较为相似，苗期生长点层层包裹在叶鞘内，但莎草与小麦分属不同的科，亲缘关系相对较远，对除草剂的敏感性差别较大。因此，使用除草剂防控小麦田莎草相对较为容易。

15. 阔叶草

双子叶杂草和部分叶片较为广阔的单子叶杂草（禾本科和莎草科植物除外），与禾草和莎草不同的是阔叶草幼苗的生长点通常没有叶鞘或类似的结构层层包裹，在使用除草剂处理时药剂较容易直接接触到生长点而将其杀灭。

16. 杂草复绿再发

使用除草剂防除杂草后，初期杂草茎叶大量枯萎但未彻底枯死，一段时间后杂草植株长出新芽或新分蘖并快速生长进而造成明显草害的现象。例如，禾本科杂草幼苗生长点被叶鞘层层包裹，使用触杀型除草剂难以有效杀灭生长点，施药后一段时间，禾本科杂草群体常会在枯叶中重新发出新分蘖，并在当季作物田造成明显草害。在生产中，杂草复绿再发的现象也常被称为杂草反弹。

17. 杂草周年综合防控

在一年两熟或多熟制地区，周年统筹综合运用多种杂草防控技术措施，以便达到高效、安全、绿色、长效防控的目的。例如，江苏省提出"以农业措施为基础，以土壤封闭为重点，以茎叶处理为补充"的稻麦杂草周年综合防控理念。其中农业措施包括深翻耕、播种后镇压、激光整平土地、清理沟渠和田埂杂草、清理农机土块、剪穗处理、精选种子、秸秆粉碎后深埋、轮作不同作物、拦网网捞秸秆团块和草籽等；土壤封闭包括播种或移栽前土壤封闭施药、播种或移栽后土壤封闭施药、茎叶处理时添加土壤处理剂桶混施药等；水田茎叶处理施药前排干田水，施药后规范复水保水。杂草周年综合防控是可持续控制草害、降低除草剂用量、控制除草剂残留药害和面源污染的重要思路。

18. 杂草剪穗防控

主要用于禾本科杂草抽穗后种子成熟期，利用剪刀剪断田间杂草穗子（花序或果序）的防控措施。种子是绝大多数小麦田杂草发生的根源，抽穗期剪断禾本科杂草穗可以阻断其产生成熟种子的进程，为下一季小麦种植降低杂草出苗的基数，减轻防控压力。特别是小麦抽穗期后，针对田间化除后残存的零星发生的杂草，剪穗防控可以起到事半功倍的效果。剪穗防控是不用除草剂进行杂草防控的重要实用措施之一。

19. 杂草种群/生物型

杂草种群指同一时间生活在一定区域内（对小麦田而言常为一块具有相同耕作管理措施的田块）同种杂草所有个体的集合。杂草物种中特殊的类群常被称为生物型，杂草的某种生物型常表现出特殊的、可稳定遗传的性状，如看麦娘对精噁唑禾草灵的敏感性高，但一些看麦娘植株的靶标酶乙酰辅酶 A 羧化酶（ACCase）第 1781 位氨基酸从异亮氨酸突变为亮氨酸（I1781L 突变型），导致其对精噁唑禾草灵具有可稳定遗传的抗药性，这些看麦娘植株称为乙酰辅酶 A 羧化酶 I1781L 突变生物型。

20. 杂草抗药性/耐药性

指杂草对特定除草剂不敏感的性状。杂草生物型或种群对特定除草剂的敏感性下降即产生了抗药性（常简称为抗性），相应的生物型或种群被称为相应除草剂的抗药性生物型或抗药性种群。例如，前述的看麦娘乙酰辅酶 A 羧化酶 I1781L 突变生物型可称为抗精噁唑禾草灵看麦娘生物型。耐药性是指某种杂草对特定除草剂的敏感性天然较低。例如早熟禾对精噁唑禾草灵天然不敏感，因此早熟禾为耐精噁唑禾草灵杂草。杂草对除草剂的抗药性常分为靶标抗性和非靶标抗性两种。除草剂作用的靶标酶基因突变导致其与除草剂分子的结合能力下降，或者靶标基因过量表达导致靶标酶大量合成，植株因此获得的对除草剂的抗药性即为靶标抗性。非靶标抗性是指植株通过对除草剂吸收和在植株体内传导、转运、代谢解毒等途径获得对除草剂的抗药性。

21. 杂草对除草剂的交互抗性/多抗性

除草剂活性成分种类较多，根据作用机理的不同又可以分为不同除草剂类型。杂草对同一类除草剂的多种活性成分具有抗药性称为交互抗性；对 2 类以上不同作用机理的除草剂具有抗药性称为多抗性。例如，小麦田乙酰辅酶 A 羧化酶抑制剂类除草剂包括精噁唑禾草灵、唑啉草酯、炔草酯、三甲苯草酮、禾草灵等，前述的看麦娘乙酰辅酶 A 羧化酶 I1781L 突变生物型可对精噁唑禾草灵、炔草酯、唑啉草酯均产生不同水平的抗药性，但对三甲苯草酮仍然敏感，即该看麦娘生物型对精噁唑禾草灵、炔草酯、唑啉草酯具有交互抗性，但对三甲苯草酮无交互抗性。再如，啶磺草胺、甲基二磺隆属于乙酰乳酸合酶（ALS）抑制剂类除草剂，看麦娘突变生物型还兼具 ALS W574L 突变，则其除了对几种 ACCase 抑制剂有抗药性外，还对啶磺草胺、甲基二磺隆具有抗药性，则该看麦娘生物型对精噁唑禾草灵、炔草酯、唑啉草酯、啶磺草胺、甲基二磺隆具有多抗性。非靶标抗性也可能导致交互抗性和多抗性。特定杂草种群对常用除草剂产生抗药性后，常发现其对相同作用机理的其他除草剂（甚至是从未使用过的除草剂）存在交互抗性，因此在抗药性杂草治理中应轮换使用不同作用机理的除草剂。

第一章　我国小麦生产概况和麦田主要杂草种类

一、我国小麦种植情况

小麦是世界上种植面积和产量居于前列的粮食作物，全世界1/3以上的人口以小麦为主食。小麦籽粒营养价值高，含有多种适于人体吸收的氨基酸，籽粒蛋白质含量一般可达11%～14%，最高可达20%，可为人类提供20.3%的蛋白质和18.6%的热量；且其含有独特的麦谷蛋白和醇溶蛋白，水解后可以洗出面筋，加工性能好，适合制作出各种各样的食品。此外，小麦籽粒加工后的副产品麦麸含有蛋白质、糖类、维生素等，是发展畜牧业的精饲料。麦秆可用来编织手工艺品，也可作为造纸、造肥的原料。

小麦是人类最早种植的作物之一，其原产地一般认为在中亚和西亚，我国新疆地区可能是其原产地之一。小麦的适应性广，可充分利用晚秋、冬春和初夏季的温、光、水资源进行间套复作，有利于提高土地利用率，改善生态环境。小麦在耕作、播种、除草、收割、脱粒等环节中均易实行机械化，是目前种植过程机械化程度最高的作物，有利于提高劳动生产率和规模化种植。小麦在世界上分布广泛，除少数炎热低湿地区及酷寒两极外，几乎都有栽培，小麦产区主要集中在北纬30°—60°和南纬23°—40°地区。从各大洲分布来看，小麦生产主要集中在亚洲，面积约占世界小麦面积的45%，其次是欧洲占25%，美洲占15%。

小麦是我国的主要粮食作物之一，我国在新石器时代就有麦类种植，河南庙底沟遗址的麦类印痕距今约7 000年，1955年在安徽亳州出土了西周时期炭化麦粒。2022 年全国小麦播种面积接近 35 277 万亩[①]，总产量 13 772 万吨，平均亩产 781 斤[②]，播种面积居于世界第二位，总产量长期位列世界第一。中国小麦分布地域辽阔，南至热带地区的海南（北纬 18°），北到严寒地带的黑龙江漠河（北纬 53°29'），西起新疆，东抵台湾及沿海诸岛均有栽培，主要分布在北纬 20°—41°。我国小麦播种面积排在前 10 位的省份是：河南、山东、安徽、江苏、河北、新疆、陕西、湖北、甘肃、四川（表 1-1）。我国小麦生产存在的主要问题是平均单产较低，各地发展不平衡，其次是优质专用品种少、规模小、品质不稳定、栽培技术不配套、产业化经营能力低、效益不高等。在政策扶持、科技支撑和产业引导等因素的综合作用下，全国优质专用小麦发展迅速，逐步形成"区域化种植、标准化生产、产业化经营"的格局。

表 1-1　2022 年我国小麦规模化种植地区的播种面积和产量情况

地区	播种面积（万亩）	总产量（万吨）	单产（斤/亩）	地区	播种面积（万亩）	总产量（万吨）	单产（斤/亩）
河南	8 524	3 813	895	山西	803	245	610
山东	6 005	2 641	880	内蒙古	579	126	435
安徽	4 274	1 722	806	天津	178	73	820
河北	3 371	1 475	875	云南	400	60	300
江苏	3 566	1 366	766	浙江	196	55	561
新疆	1 730	654	756	青海	152	37	487
陕西	1 437	430	598	贵州	171	29	339
湖北	1 547	406	525	宁夏	122	27	443
甘肃	1 109	270	487	西藏	49	19	776
四川	883	250	566	上海	23	11	957

① 亩为非法定计量单位，1 亩=1/15 公顷。——编者注
② 斤为非法定计量单位，1 斤=0.5 千克。——编者注

（续）

地区	播种面积 （万亩）	总产量 （万吨）	单产 （斤/亩）	地区	播种面积 （万亩）	总产量 （万吨）	单产 （斤/亩）
北京	27	10	741	吉林	8	2	500
黑龙江	32	8	500	辽宁	3	0.8	533
湖南	34	8	471	广西	6.6	0.8	242
重庆	28	6	429	广东	0.6	0.1	333
江西	18	3	333	福建	0.09	0.02	444

数据来源：中国统计年鉴 2023（www.stats.gov.cn/sj/ndsj/），表格中的单产通过总产和播种面积数据直接计算得到。

二、我国小麦产区划分

小麦从种子萌发到产生新种子的过程即为小麦的一生，或称（全）生育期。生产上，通常以播种至收获的天数表示其长短。小麦的一生既反映了不同时期的生物学特点，也反映了产量构成因素的陆续形成过程。按照种植季节分，我国小麦分为冬小麦和春小麦两种，冬小麦秋种春收，春小麦春种秋收。具体而言，冬小麦通常秋天播种，春末至夏初收割，冬小麦收割后常轮作其他秋熟作物，如水稻、玉米、豆类、棉花等。春小麦在春天气温回暖后播种，麦苗不需越冬，夏季或早秋收割。我国南方冬小麦生育期为 120～200 天，北方冬小麦为 230～280 天，西藏冬小麦可长达 300 天以上。春小麦生育期一般为 100 天，最短的仅 70～90 天。我国以冬小麦为主，冬小麦播种面积约占全国小麦播种总面积的 85%，产量约占总产量的 90%，普通小麦占绝对多数，密穗小麦、圆锥小麦、硬粒小麦只有零星种植。我国冬小麦主要分布在长城以南、岷山以东地区，并以秦岭和淮河为界，分为南北两大冬麦区。春小麦主要分布在长城以北、岷山以西地区。

以 1996 年金善宝先生主编《中国小麦学》分区为主，并参考中国农业科学院最新划分，将我国小麦种植区域划分为 4 个主区，即北方冬麦区、南方冬麦区、春麦区和冬春兼播麦区，并进一步划分为 10 个亚区，即北部冬麦区、黄淮海冬麦区、长江中下游冬麦区、西南冬麦区、华南冬麦区、东北春麦区、北部春麦区、西北春麦区、新疆冬春麦区和青藏冬春麦区。

1. 北方冬麦区

北方冬麦区的范围为长城以南、岷山以东，秦岭、淮河以北的地区，是我国主要麦区。小麦总产量占全国总产量的 60% 以上。

（1）北部冬麦区。 该区地势复杂，冬季严寒少雨，春季干旱多风，以杂粮为主，小麦单产较低。包括河北的长城以南、山西的中部和东南部、陕西北部、宁夏和辽宁南部、甘肃陇东及北京、天津。种植制度以二年三熟为主，旱薄地为一年一熟，小麦使用冬性或强冬性品种，干旱频繁是生产中的主要问题。

（2）黄淮海冬麦区。 该区生态条件最适小麦生长，是中国小麦主产区，面积最大、产量最高。包括山东全部、河南大部、河北中南部、江苏北部、安徽北部、陕西关中、山西南部、甘肃天水等地。种植制度以一年两熟为主，旱地实行两年三熟，小麦使用冬性、半冬性和春性品种。该区应合理利用水资源，提高灌溉技术，促进生产发展。

2. 南方冬麦区

我国秦岭、淮河以南的广大麦区，位于北纬 33° 以南，东经 100°—120° 地区，东至黄海、南邻南海、西接青藏高原、北部毗邻黄淮海平原。总面积、总产量分别占全国的 22% 和 18%。

（1）长江中下游冬麦区。 该区自然条件优越，比较适宜小麦生长。其水田面积约占耕地面积的 74%，小麦后茬作物以水稻为主。包括浙江、江西及上海全部地区，河南信阳及江苏、安徽、湖北、湖南的部分地区。种植制度为一年两熟或一年三熟，小麦使用半冬性和春性品种，湿涝和赤霉病危害是制约该区小麦生产的主要因素。

（2）西南冬麦区。 该区地形复杂，以山地为主，冬季气候温和，日照不足。包括湖南、湖北、贵州全部，四川和云南大部，陕西南部及甘肃东南部。该区以种植水稻为主，一年两熟或三熟，小麦多使用春性品种。日照不足是该区小麦生产中最不利的自然因素。

(3) 华南冬麦区。该区地形复杂，多为山地丘陵，小麦面积小，产量低且不稳定。包括福建、广东、广西、台湾、海南全部以及云南的部分地区。种植制度多为一年三熟，部分地区为稻麦二熟或两年三熟，小麦多使用春性品种。该区降水量充沛，但季节间分布不均，与小麦需水规律不协调，给麦田管理带来诸多不利。

3. 春麦区

春小麦在全国不少省份均有种植，但主要分布在长城以北，岷山、大雪山以西。这些地区冬季严寒，最冷月（1月）平均气温及年极端最低气温分别为 $-10℃$ 及 $-30℃$ 左右，秋播小麦不能安全越冬，故种植春小麦。种植制度以一年一熟为主。

(1) 东北春麦区。该区在中国各春麦区中面积最大，总产最高，但单产较低。包括黑龙江、吉林两省全部，辽宁除大连、营口两市和锦州市个别县以外的大部，以及内蒙古东北部的呼伦贝尔、兴安、通辽和赤峰。该区西部干旱、多风沙，东部部分地区多雨、低洼、易涝，北部高寒、热量不足，不利于小麦种植。

(2) 北部春麦区。该区自然条件差、土地贫瘠，平均单产低。包括大兴安岭以西，长城以北，西至内蒙古的鄂尔多斯市和巴彦淖尔市。全区虽日照充足，但水资源贫乏，干旱十分严重。

(3) 西北春麦区。小麦为该区的主要粮食作物，在春麦区中单产量最高。包括甘肃、宁夏，以及内蒙古、青海、新疆的部分地区。该区地处内陆，生育期短，热量不足，干旱少雨，多风沙。

4. 冬春兼播麦区

该区以高原为主，兼有高山、盆地、平原和沙漠，地势复杂，气候多变，差异极大。降水量较少但雪水丰富，冬小麦一般可安全越冬，干旱发生较少。

（1）新疆冬春麦区。该区包括新疆南部和北部，自然条件具有明显差异，种植制度以一年一熟为主，南疆部分地区可一年两熟或两年三熟，小麦类型较多，包括春性、半冬性及冬性品种。就全新疆范围来讲，大体上北疆北部、东部以春小麦为主；南疆西部、南部以冬小麦为主；天山两侧从低丘陵到山前平原的多数地区为冬、春麦兼种。新疆北部温度偏低，降水量稍多，地力不足，常年发生春旱、冻害及后期干热风危害。新疆南部气温稍高，为中国最干旱地区。从小麦的垂直分布来看，新疆春小麦分布最高处：南疆为塔什库尔干（海拔 3 300 米），北疆为巴里坤（海拔 1 900 米）；冬小麦分布的上限：南疆为乌恰（海拔 2 130 米），北疆为昭苏（海拔 1 850 米）。新疆冬春小麦垂直分布的规律大体是：冷凉山区作物生长期短，有的地方缺少秋播用水，均以春小麦为主；主要平原农区水土资源和越冬条件均较好，以冬小麦为主；冲积扇下部及河湖低洼处，由于地下水位高，土壤盐渍化严重，春季易返浆等，不得不种些春小麦，故为冬、春麦兼种区。此外，南疆地区农林复合系统独具特色，核桃-小麦间作是其常见的小麦种植模式之一。

（2）青藏冬春麦区。该区气温偏低、无霜期短，热量严重不足，有的地区全年霜冻、降水量分布不均，一年一熟。该区包括西藏全部，青海大部，四川、甘肃西南部等地。

三、我国小麦的播种方式

适宜的播种量和播种方式，可使单位面积内有足够的苗数，并使幼苗在田间分布合理，充分利用光能和地力。

1. 条播

有窄行条播、宽窄行条播和宽幅条播三种。窄行条播是我国主要麦区应用最广泛的一种方式。机械化播种大多采用 15～20 厘米行距，部分为 12.5 厘米行距，北方冬麦区和春麦区亦有用 7.5 厘米的，丰产田行距常扩大到 20～25 厘米。窄行条播植株分布均匀，但返青后封行早，田间管理作业容易伤苗。有些地区在宽行条播基础上改用宽窄行条播，1 个宽行配套 1～3 个窄行，宽行 30 厘米左右，窄行 10～20 厘米，高产田和套作田常采用这种方式。宽幅条播一般用无壁犁冲沟或人工开沟后撒种，南方麦棉两熟区应用较广，播幅 15～20 厘米、行距 15～25 厘米，或是播幅 22.5 厘米、行距 22.5 厘米；如超过 25 厘米，播种沟内小麦植株拥挤，发育受到影响。

2. 撒播

在一年多熟制地区，由于晚茬小麦播种茬口时间紧，常用撒播以利于抢时播种，特别是南方稻麦地区，宽畦撒播在生产上应用普遍。撒播比人工条播、点播省工，苗期个体分布较均匀，但播后小麦浮籽常较多，出苗率低，后期通风透光差，麦田管理不便，杂草多。因此要求精细整地，提高播种质量，播种后要注意覆土盖籽，提高成苗数，并适当增加播种量。近年来，利用无人机撒播小麦（飞播）在生产中应用面积不断扩大。

3. 穴播

南方土壤黏重地区及北方丘陵干旱地区常采用此法。其优点是播种深浅一致、出苗整齐，且便于集中施肥和管理。大田试验结果表明，穴播小麦行距 16 厘米、穴距 10～13 厘米，每穴播种子 10 粒左右，增加播种量到每亩 20 万苗上下，产量显著提高。

采用条播、穴播等模式播种小麦后立即覆土，撒播或者无人机飞播小麦播种后常不进行覆土作业。播种后覆土可以将小麦种子埋于土下，有利于小麦种子出苗扎根和早期生长，然后将土壤处理除草剂均匀喷施于土表，因小麦种子不直接接触除草剂成分，所以大幅提升了小麦田使用土壤封闭除草剂的安全性。撒播和飞播小麦种子露于土表，因此通常需待小麦芽"根入土苗见绿"后方可使用安全性好的药剂，以免发生严重药害。

四、我国小麦田主要杂草种类

杂草是小麦田主要有害生物类群之一，对小麦危害严重，特别是在高产小麦种植区，杂草危害和防控成本有不断攀升的势头。杂草危害贯穿整个小麦生育期，危害性主要表现在以下几个方面：其一，与小麦竞争地上地下空间、光照、水、肥等资源，直接降低小麦产量和品质；其二，杂草种子混入小麦直接影响小麦品质和商业价值，特别是制种小麦，此外少数有毒杂草种子混入小麦可能造成人畜中毒；其三，杂草发生量大时影响小麦茎秆强度或通过直接挤压引发小麦连片倒伏；其四，杂草发生量大时可影响小麦田间小气候，并且许多杂草是小麦病虫害的中间宿主，促进病虫害暴发；其五，在小麦田施用除草剂防控杂草，操作不当可对小麦或者周边敏感作物造成药害，甚至造成严重的生产损失。

我国小麦田杂草多达 300 余种，其中危害较重的有 40 余种，草害造成的小麦产量损失在 15% 左右。做好小麦田杂草防控是保障小麦丰产、优质的重要基础。随着社会经济和农业科技的快速发展，传统精耕细作的小麦生产模式已然走入规模化、轻简化，并正朝大型机械化、无人化方向迈进。小麦与杂草亲缘关系接近，生物学、生态学特性相似，故小麦和杂草对除草剂敏感性的差异性有限，因此小麦田杂草防控技术要求很高。杂草防控是小麦规模化、无人化种植集成技术模式中最难克服的关键环节之一。杂草发生和成灾与小麦的播种方式密切相关，播种方式不同，麦田杂草草相也不尽相同，采取的综合防控措施也不尽相同。

如前所述，我国小麦优势产区主要为黄淮海冬麦区、长江中下游冬麦区、西南冬麦区、西北春麦区、东北春麦区。不同气候区的小麦田杂草群落种类组成有别，邻近区域稻茬小麦和旱茬小麦田杂草群落差异明显。总体而言，我国小麦田杂草群落主要分为：稻茬冬小麦田、旱茬冬小麦田、东北和西北春小麦田、新疆小麦田、云贵川高原春小麦田等五大类。

1. 稻茬冬小麦田

在水稻季，高温高湿土壤条件成为调节杂草种子库的基础自然选择压力。一些杂草种子因无法通过休眠度过 5—10 月水稻季而难以在小麦季成灾。稻茬冬小麦田成灾杂草种类主要包括菵草（*Beckmannia syzigachne*）、日本看麦娘（*Alopecurus japonicus*）、看麦娘（*Alopecurus aequalis*）、多花黑麦草（*Lolium multiflorum*）、耿氏假硬草（*Pseudosclerochloa kengiana*，常被称为硬草，但事实上硬草为另一种植物 *Sclerochloa dura*）、早熟禾（*Poa annua*）、棒头草（*Polypogon fugax*）、鬼蜡烛 [*Phleum paniculatum*，常被称为蜡烛草，但事实上蜡烛草为香蒲科植物水烛（*Typha angustifolia*）的别称] 等禾本科杂草，以及牛繁缕（*Stellaria aquatica*，又称为鹅肠菜）、繁缕（*Stellaria media*）、猪殃殃（*Galium spurium*）、荠（*Capsella bursa-pastoris*）、野老鹳草（*Geranium carolinianum*）、救荒野豌豆（*Vicia sativa*，常被称为大巢菜）、窄叶野豌豆（*Vicia sativa* subsp. *nigra*）、小藜（*Chenopodium ficifolium*）等阔叶草。其中菵草、日本看麦娘、看麦娘、多花黑麦草、牛繁缕、猪殃殃、荠、救荒野豌豆、窄叶野豌豆为全国稻茬冬小麦田常见恶性杂草，耿氏假硬草、早熟禾、棒头草、鬼蜡烛为部分稻茬冬小麦田恶性杂草。稻茬冬小麦田其他常见杂草种类还包括阿拉伯婆婆纳（*Veronica persica*）、婆婆纳（*Veronica polita*）、刺儿菜（*Cirsium arvense* var. *integrifolium*）、球序卷耳（*Cerastium glomeratum*）、刺果毛茛（*Ranunculus muricatus*）、通泉草（*Mazus pumilus*）、蔊菜（*Rorippa indica*）、泽漆（*Euphorbia helioscopia*）、蛇床（*Cnidium monnieri*）、泥胡菜（*Hemisteptia lyrata*）、酸模叶蓼（*Persicaria lapathifolia*）、一年蓬（*Erigeron annuus*）、小蓬草（*Erigeron canadensis*，常称为小飞蓬）、苏门白酒草（*Erigeron sumatrensis*）、雀舌草（*Stellaria alsine*）、碎米荠（*Cardamine occulta*）、萹蓄（*Polygonum aviculare*）、习见蓼（*Polygonum plebeium*）、直立婆婆纳（*Ve-*

ronica arvensis）、稻槎菜（*Lapsanastrum apogonoides*）等，但一般不成为稻茬冬小麦田内的优势杂草。此外，早熟禾（*Poa annua*）、大穗看麦娘（*Alopecurus myosuroides*）在局部地区稻茬冬小麦田造成严重草害。

2. 旱茬冬小麦田

在小麦前茬连作作物生长的夏秋季，土壤干旱利于土层中旱生杂草种子越夏存活。黄淮海和华北地区旱茬冬小麦田成灾杂草主要包括节节麦（*Aegilops tauschii*）、三芒山羊草（*Aegilops triuncialis*）、野燕麦（*Avena fatua*）、雀麦（*Bromus japonicus*）、多花黑麦草、大穗看麦娘、鬼蜡烛等禾本科杂草，以及播娘蒿（*Descurainia sophia*）、荠、猪殃殃、牛繁缕、宝盖草（*Lamium amplexicaule*，常被称为佛座）、野老鹳草、刺儿菜、泽漆、阿拉伯婆婆纳、婆婆纳、田紫草（*Lithospermum arvense*，常被称为麦家公）、麦瓶草（*Silene conoidea*，常被称为米瓦罐）、田旋花（*Convolvulus arvensis*）、打碗花（*Calystegia hederacea*）等阔叶草。其他常见杂草种类还包括鹅观草（*Elymus kamoji*）、藜（*Chenopodium album*）、小藜、泥胡菜、酸模叶蓼、小花糖芥（*Erysimum cheiranthoides*）、繁缕、葎草（*Humulus scandens*）、麦仁珠（*Galium tricornutum*）等。

3. 东北和西北春小麦田

主要成灾杂草有野燕麦、稗属（*Echinochloa* spp.）、芦苇（*Phragmites australis*）、雀麦、旱雀麦（*Bromus tectorum*）、野黍（*Eriochloa villosa*）、狗尾草属（*Setaria* spp.）等禾本科杂草，以及蓟属（*Cirsium* spp.）、藜、猪殃殃、田旋花、反枝苋（*Amaranthus retroflexus*）、密花香薷（*Elsholtzia densa*）、鼬瓣花（*Galeopsis bifida*）、龙葵（*Solanum nigrum*）、酸模叶蓼、红蓼（*Persicaria orientalis*）、柳叶刺蓼（*Persicaria bungeana*，常被称为本氏蓼）、小藜、田紫草、卷茎蓼（*Fallopia convolvulus*，常被

称为荞麦蔓）等阔叶草，蕨类杂草问荆（*Equisetum arvense*）也为主要成灾杂草。其他常见杂草种类还包括马唐属（*Digitaria* spp.）、灰绿藜（*Oxybasis glauca*）、滨藜属（*Atriplex* spp.）、猪毛菜（*Salsola collina*）、萹蓄（*Polygonum aviculare*）、鸭跖草（*Commelina communis*）、狼杷草（*Bidens tripartita*）、苣荬菜（*Sonchus wightianus*）、香薷（*Elsholtzia ciliata*）、铁苋菜（*Acalypha australis*）、涩芥（*Malcolmia africana*，常被称为离蕊芥）、繸瓣繁缕（*Stellaria radians*，又称垂梗繁缕）、苍耳属（*Xanthium* spp.）、苘麻（*Abutilon theophrasti*）、薄荷（*Mentha canadensis*）、龙葵（*Solanum nigrum*）、繁缕、田紫草、野老鹳草、虎尾草（*Chloris virgata*）、野西瓜苗（*Hibiscus trionum*）、打碗花、鬼针草属（*Bidens* spp.）、野燕麦等。

4. 新疆小麦田

新疆小麦田成灾杂草主要包括野燕麦、稗属、黑麦（*Secale cereale*）、硬草等禾本科杂草，以及播娘蒿、灰绿藜、蓟属、萹蓄、苣荬菜、田旋花、卷茎蓼、猪殃殃、苍耳属等阔叶草。其他常见杂草还包括涩芥、龙葵、蒲公英（*Taraxacum mongolicum*）、苘麻、苦苣菜、野艾蒿（*Artemisia lavandulifolia*）、大车前（*Plantago major*）、芦苇、反枝苋、雀麦、地肤（*Bassia scoparia*）、马齿苋（*Portulaca oleracea*）、问荆属、杂配藜（*Chenopodiastrum hybridum*）、斑种草（*Bothriospermum chinense*）、冰草（*Agropyron cristatum*）、宽叶独行菜（*Lepidium latifolium*）等。

5. 云贵川高原春小麦田

小麦分布于山地或丘陵地带的坝田坡地，主要成灾杂草有看麦娘、日本看麦娘、野燕麦、虉草属（*Phalaris* spp.）、棒头草等禾本科杂草，以及小藜、齿果酸模（*Rumex dentatus*）、繁缕、救荒野豌豆、荠等阔叶草。其他常见杂草还包括牛繁缕、碎米荠、雀舌草、猪殃殃、草木樨（*Melilotus suaveolens*）等。

目前已有较多文献报道了上述 5 种小麦田杂草草相的主要杂草种类，本节介绍的草相组成主要反映大尺度区域范围内的主要杂草种类，具体到特定区域的草相结构，建议翻阅本书后文所列的主要参考文献或其他文献研究资料及野外调查报告。

第二章　我国小麦田杂草防控技术概况

一、我国小麦田杂草防控主要技术难点

1. 杂草对除草剂的药敏性差异大

首先，不同杂草类型对除草剂的药敏性差异大。小麦田杂草主要分为阔叶类杂草（阔叶草）和禾本科杂草（禾草）两大类。阔叶草与禾草对除草剂的药敏性差异巨大。例如精噁唑禾草灵、炔草酯、唑啉草酯等麦田除草剂通常只对禾草有效，对阔叶草无效；而氯氟吡氧乙酸、噻吩磺隆、灭草松等麦田除草剂相反。

其次，同一类杂草对除草剂的药敏性也可能存在明显差异。例如，日本看麦娘和菵草均为小麦田危害严重的恶性禾草，在未产生抗药性的情况下，日本看麦娘对啶磺草胺高度敏感，但菵草对啶磺草胺不敏感。此外，日本看麦娘与菵草在幼苗期极为相似，抽穗期形态学鉴别困难，进而给针对性施药造成极大困难。

最后，同一杂草的不同生育期（叶龄期）对除草剂的药敏性也存在较大差异。例如菵草1叶期之前对氟噻草胺的敏感性高，但2叶期后对该药剂的敏感性大幅下降。在未产生抗药性的情况下，菵草3～5叶期对唑啉草酯的敏感性较高，但进入分蘖期后随着分蘖数的增加对唑啉草酯的敏感性下降。并且随着菵草植株分蘖数的增加，唑啉草酯施药后菵草残存植株再生能力增强，常见药后复绿再发形成草害。

2. 杂草出苗不齐

小麦田杂草连续出苗并呈现多个出草高峰是麦田杂草防控困难的重要原因。出苗不齐是农田杂草的重要适应性特征，可以借此避免被小麦田杂草防控措施集中杀灭。麦田杂草种类较多，不同杂草具有不同的生态习性和对光、温、水等环境条件的适应性，因此，不同杂草的出苗节律并不同步，并且同一种类的杂草也常表现出持续出苗的特点。此外，麦田干旱会进一步导致杂草出草不齐，对化除集中杀灭造成干扰。

总体而言，麦田杂草常存在 2 个甚至 3 个以上出草高峰期。通常情况下，冬小麦田的第一个出草高峰在小麦适期播种后两周内，此时气温相对较高，田间墒情总体适合杂草萌发出苗，许多难治杂草与小麦同步出苗，并且生长较快。因此，小麦适期播种后 5～7 天，施用土壤处理剂可以杀灭部分已经出苗的杂草幼苗群体，并有效封闭 30～45 天内出苗的杂草。冬小麦田的第二个出草高峰期常为气温回暖后小麦返青恢复生长期，此时气温相对较高且田间墒情好，杂草出苗较多；此时宜根据田间情况及天气情况，选择合适药剂开展春季化除。近年来随着冬季气温波动增大，早播和适期播种冬小麦田在冬季气温持续升高期间会增加一个出草高峰，这一时期麦苗较小，施用除草剂容易引发除草剂药害或者低温寒潮叠加形成的冻药害，或降雨导致田间积水叠加形成的渍药害。因此，许多小麦种植户对这一时期出苗杂草不进行处理，待到春季茎叶处理时，这一批出苗的禾本科杂草已然草龄过大，难以通过茎叶处理有效防除。

通常情况下，春小麦田的第一个出草高峰也是在小麦适期播种后两周内，此时气温相对较高，田间墒情总体适合杂草萌发出苗，许多难治杂草与小麦同步出苗，并且生长较快，可以通过土壤封闭处理杀灭部分杂草幼苗。春小麦田的第二个出草高峰在 5 月气温大幅升高后，秋熟杂草大量出苗形成草害压力，此时需根据田间草相、苗情、墒情等选择合适的除草剂组合进行防控。此外，春小麦田在连续气温偏高时期可能出现新的出草高峰，在禾本科杂草发生量大的情况下，需选用药害风险低、兼具土壤封闭和茎叶处理活性的除草剂活性成分或者复配剂进行化除。

3. 除草剂用药失败和麦苗药害易发

小麦与杂草均为植物，除草剂在小麦与杂草之间的选择性具有局限性，因此小麦田除草剂使用不当易对麦苗造成药害，甚至杀灭麦苗；尤其是禾本科杂草与小麦均为禾本科植物，亲缘关系近，用药不当、过量施药易导致麦苗严重药害或者禾本科杂草防控失败。

冬小麦田以秋冬季和早春萌发的杂草为主，春小麦田优势杂草以春季和春夏季萌发的杂草为主。冬小麦播种后施用除草剂进行土壤封闭或者采用早期茎叶处理控草措施，除了考虑对杂草的防效之外，更重要的是要充分考虑小麦苗的冻药害风险，土壤处理施药后一个月内仍然有可能由于低温寒潮天气发生冻药害。春小麦播种后进行土壤封闭和茎叶处理需特别考虑干旱条件对药效发挥的影响。

小麦不同生育期对除草剂的敏感性/耐药性不同，除草剂非适期使用可导致严重药害或杂草失防。施药时小麦苗情欠佳，麦苗处于胁迫状态或病虫害发生期也可能导致小麦对除草剂的耐药性下降，而发生药害事故。此外，冻药害、渍药害也是最常见的小麦药害类型。例如小麦播后施用含有异丙隆的除草剂进行土壤处理后遇到低温寒潮天气常发生小麦冻药害，特别是镇压作业不规范或未进行镇压作业的麦田。小麦播后施用含乙草胺的除草剂，麦田积水可导致严重的渍药害，特别是黏土田。因此，小麦苗情、土壤墒情、土壤特性、排水系统质量、镇压作业质量、秸秆粉碎深埋作业质量、施药前后天气等均会直接影响小麦田除草剂的使用效果。麦田镇压作业不到位，秸秆未深埋会导致许多杂草从土块缝隙或秸秆缝隙中钻出而未接触到药剂，进而逃过土壤封闭。

均匀施药是保证除草剂药效的基础，喷施不均、喷头雾化不规范、雨水冲刷等也可导致麦苗药害或杂草失防。例如担架式喷雾器、弥雾机常用于小麦田喷施杀虫剂和杀菌剂，但用于喷施除草剂时常因药液喷施不均而导致麦田草害失防斑块与麦苗严重药害斑块错落其间。土壤干旱可大幅降低土壤封闭除草剂的药效，从而导致杂草防控失败，土壤封闭施药后遇多雨天气可能导致麦田内除草剂活性成分随雨水流动、流失、淋溶等，进而导致施药失败或麦苗药害。因此，小麦田化除施药器械、施药喷头、施药用水量、施药时机等方面均需充分考虑。

选药不当或者配伍不当是麦田除草剂使用失败的常见原因之一。不同杂草种类、同种杂草不同叶龄期对除草剂的药敏性差异大，因此选药准确是高效化除的前提。一些除草剂活性成分之间存在拮抗效应，直接混用可能导致施药失败，还有一些除草剂与杀虫剂存在关联效应，混施存在施药失败风险。小麦季前茬除草剂残留会导致麦苗药害。例如玉米田除草剂莠去津过量使用可导致后茬小麦因残留药害而严重减产，大豆田使用除草剂咪唑乙烟酸有可能导致后茬小麦药害。此外，除草剂产品质量也会直接影响除草剂施用效果。

除草剂轮用是保障小麦田杂草可持续高效化除的重要措施。连年使用同种高效除草剂可导致麦田杂草对该种除草剂产生抗药性，甚至对该类除草剂乃至多类除草剂均产生抗药性。例如，精噁唑禾草灵1998年开始登记在我国小麦田使用，连续多年使用后，在我国长江流域和黄淮海地区麦田菵草、日本看麦娘、多花黑麦草、耿氏假硬草、棒头草、野燕麦、大穗看麦娘等杂草中均发现大量的抗精噁唑禾草灵种群，许多种群对相同作用靶标的后续上市药剂唑啉草酯也具有高水平抗药性，部分种群甚至对多类除草剂同时具有抗药性。目前，我国小麦田已有大量交互抗性和多抗性杂草种群的报道，特别是针对茎叶处理除草剂。总体而言，我国小麦田杂草对土壤处理除草剂的抗药性水平较低。因此，小麦田杂草化除中应交替轮换使用不同作用机理的除草剂，并且充分重视土壤封闭。

4. 化除施药窗口期短

小麦田施用除草剂需根据小麦生育期和苗情、土壤墒情、施药前后降雨和气温变化情况、杂草草情和药敏性特点、农艺耕作质量等多方面因素选择施药时期。土壤处理施药需在麦田禾本科杂草1.5叶期之前处理，最好于小麦播种后且采取镇压措施处理后施用土壤处理剂。并且施药时土壤不宜太干旱，田间不可有积水，许多土壤处理剂施药后7天内不可有低温寒潮天气。因此适期播种的小麦在播后苗前进行土壤处理的最佳时间窗口期通常不足5天，天气条件或者田间墒情条件不利可能进一步压缩施药窗口期。小麦田茎叶处理的时间窗口期同样很短，特别是冬季茎叶处理的窗口期常不足3天。因此，除草剂施用窗口期短，草不等人，天气不等人，季节不等人。例如，氟噻草胺与吡氟酰草胺混配是安全高效的麦田封闭药剂组合，用于小麦田土壤封闭的最佳施药期是禾草出苗后立针期（适期播种小麦播后7天左右，晚播小麦可能延迟到播后20天甚至更久），禾草1叶1心期后药效明显下降，2叶1心期后药效大幅下降，田间土壤干旱也会导致防效变差。

5. 种植户用药不当

目前（2024年3月）我国小麦田登记使用的除草剂产品共有1 448个，其中活性成分共45种。不同除草剂具有不同的活性特点和施用方法，并且小麦田开展化除时通常施用由多种除草剂活性成分组成的复配剂或桶混组合。但除草剂使用技术要求高，多数种植户难以在短期内熟悉各种除草剂的活性特点，用药不当易造成严重麦苗药害及草害失防。系统掌握当地常用除草剂和成熟的新除草剂活性特点及其施用技术细节是小麦种植户的必修课。

6. 除草用工量大

随着社会经济的发展，农业劳动力人口大幅减少，农业用工成本大幅攀升。传统的人工背负喷雾器使用小麦除草剂的方法劳动强度大，对施药人员的身体素质要求高，已经越来越难以用于大面积麦田化除。担架式喷雾器和弥雾机使用除草剂极易造成局部重喷或少喷、漏喷而不适用于麦田化除。自走式喷杆喷雾器借助拖拉机牵引大幅提高了施药效率，并保证了施药均匀性，是目前麦田化除的主要方式之一，但其对农机投入成本较高，对拖拉机手具有较高的技术要求，并且在泥泞的麦田中难以下田作业，也难以在丘陵和坡地行进，也不便于在梯田等小田块中作业。利用植保无人机喷施麦田除草剂近年来发展迅速，相关的施药技术在麦田化除实践中不断积累进步。但同时，麦田飞防除草也常因药液雾滴沉降不均和飘移造成严重药害事故和草害失防。随着现代工业化和信息化技术的不断进步，无人机飞防和无人驾驶拖拉机牵引喷杆喷雾器技术的发展有望解决麦田施用除草剂的用工难题。

二、我国小麦田化学除草策略

我国小麦田化学除草策略较为多样，通常包括播种前灭茬除草或土壤处理、播后苗前土壤处理、土壤处理兼顾早期茎叶处理、麦苗拔节前茎叶处理，少数田块在小麦拔节后杂草发生量大时，还需要进行一次茎叶处理来防除阔叶草。麦田草害综合防控技术建议以农艺措施为基础，以土壤封闭为重点，以茎叶处理为补充。

1. 播种前灭茬除草或土壤处理

在南方部分麦田，因前茬作物腾茬早，或者整地后多雨天气妨碍播种，或在免耕直播田块，小麦播种前田间已有大量杂草，此时可以使用灭生性除草剂，如草甘膦、草铵膦，在小麦播种前进行灭茬除草。使用草甘膦灭茬的田块，需在施药 7～14 天后再播种小麦，以便于在提高杂草防效的同时降低小麦残留药害风险。春小麦田常在小麦播种前使用土壤处理剂，耙田混匀药剂后再播种小麦，如在小麦播种期使用野麦畏进行土壤封闭来防除野燕麦。

2. 播后苗前土壤处理

在小麦播种后出苗前，禾本科杂草不超过 1.5 叶期时，施用土壤处理除草剂可以控制杂草的出苗基数，减轻茎叶处理的压力，并且该时期用药产生药害的风险相对较小，特别是小麦的再生能力极强，分蘖期之前的轻度药害基本不影响小麦产量。土壤封闭效果与土表平实度及湿度密切相关。机播覆土小麦土壤封闭施药药害风险较低，特别是前茬作物秸秆粉碎深埋、镇压作业到位、田间小麦播种畦面保持不积水的麦田，如土壤封闭选用正确药剂并进行规范作业，通常不发生明显药害。

不同的土壤处理剂封闭持效期不同，一些老药的持效期常在30天左右，如乙草胺、异丙隆等，部分药剂持效期延长，如氟噻草胺、吡氟酰草胺。早播小麦更应选用持效期较长的土壤处理剂进行封闭施药。此外，土壤封闭并非越早施药越好，不同的土壤处理剂具有不同的活性特点，因此其最佳施药期不尽相同。例如，对于氟噻草胺＋吡氟酰草胺而言，在有条件的情况下进行镇压作业后，杂草出苗立针期施药效果优于播种后3天内施药。土壤封闭主要杀灭出苗期杂草幼苗，除草效率高且抗药性风险低，因此是小麦田杂草综合防控的重点，土壤封闭措施到位可以一次性控制整个小麦生育期草害或至少为茎叶处理高效控制草害奠定基础。

3. 土壤处理兼苗后早期茎叶处理

在小麦出苗后，禾本科杂草3叶期左右，可采用对小麦幼苗安全、冻药害及渍药害风险低、杀草谱宽、兼具土壤封闭和茎叶处理活性的除草剂复配剂进行化除。冬小麦田该时期施药应注意避免寒流导致冻药害。可在低温平稳期，选择晴天、微风、日最低温度4℃以上的天气，选择氟噻草胺、氟唑磺隆、苯磺隆、苄嘧磺隆、吡氟酰草胺、啶磺草胺等，按照农药产品标签标注的登记作物、防治对象和登记剂量等施药。小麦幼苗3叶期后也可增选茎叶处理剂进行混用，如唑啉草酯、氟氯吡啶酯、双氟磺草胺等。该阶段施药得当可控制施药前萌发出苗的杂草（3叶期左右），同时有30~45天的封闭作用。但该阶段施用土壤处理剂对2叶期以上的禾本科杂草杀草效果大幅下降，且低温冻药害风险较高。

4. 小麦分蘖期至拔节前茎叶处理

伴生杂草会对麦苗分蘖和生长造成危害，田间发生明显草害时应及时施用茎叶处理剂除草。小麦分蘖期至拔节前适宜施用除草剂的窗口期较短，应在小麦拔节之前施药，防除禾本科杂草，还要避开寒流和连续降雨天气。可以在晴天、气温平稳回暖时，根据田间草相选择合适的茎叶处理除草剂。

5. 小麦拔节后茎叶处理部分阔叶草

对于阔叶草发生较重的麦田，特别是针对猪殃殃、牛繁缕等麦田攀爬缠绕阔叶草，可以施用对拔节之后的小麦安全性好的药剂进行茎叶处理防除，如氟氯吡啶酯·双氟磺草胺、氯氟吡氧乙酸等。小麦拔节期后仍未有效防除的禾本科杂草通常不宜施用除草剂进行防除。一方面，小麦与禾本科杂草亲缘关系近，小麦拔节期后进入旺盛生长阶段，防除禾本科杂草的茎叶处理剂易对拔节后麦苗造成严重药害；另一方面，小麦拔节期后田间的禾本科杂草叶龄大、分蘖多，对麦田安全的茎叶处理除草剂敏感性较低，此时使用对小麦安全的除草剂施药对大龄禾本科杂草的防控效果有限。

三、小麦田使用除草剂的常规注意事项

1. 做好施药准备工作

施药前应查看预计施药当天及后两周的天气预报，明确气温和降雨对施药效果的潜在影响及冻药害和渍药害风险，并到田间实地查明麦田土壤墒情、小麦苗情、田间草情，明确小麦田播种质量、秸秆粉碎和埋土情况及土壤镇压情况等，以便于预估施药效果和风险，确定使用药剂、施药剂量、喷液量等，必要时额外补充配套农艺措施。例如在田间过于干旱的情况下使用土壤处理剂前可采用灌跑马水的方式创造合适的墒情，此举还能促进小麦出苗，确保小麦基本苗数。

明确周边的作物种类情况，评估施药的飘移药害风险。例如麦田周边有对除草剂敏感的蔬菜、果树等，应尽量避免采用飞防施药，避免严重飘移药害造成经济纠纷。

选定除草剂商品后，务必仔细阅读产品包装上的使用说明，核验除草剂指定使用作物田、靶标杂草、施用方法、施用剂量，确定除草剂产品对后茬作物的安全间隔期、对特定环境的安全性、使用禁忌、对人的毒性等各种细节。

2. 正确选择除草剂品种

第一，应选择对田间小麦品种安全的除草剂。对作物安全是施用除草剂的前提，错用除草剂可导致作物发生严重药害甚至绝收。选用麦田除草剂时应首先明确产品包装上的使用说明中指明可以用于麦田，并且仔细检查该除草剂商品可以应用的麦田类型、小麦品种类别等信息。不同的小麦品种对除草剂的敏感性不尽相同。

第二，应选择对小麦后茬作物安全的除草剂。我国许多地区采用一年两熟甚至多熟制，小麦与后茬作物连作的茬口时间紧。因此，在麦田使用除草剂控草时应充分考虑对麦田后茬作物的安全性，对照各种除草剂的安全间隔期选定除草剂。此外也应充分掌握小麦前茬作物种植期间施用除草剂对小麦的残留药害风险。

第三，应尽量选择对周边作物、养殖鱼塘等安全的除草剂，避免麦田用药过程中造成的除草剂飘移药害。部分除草剂在使用过程中容易挥发并飘移至周边田块，进而导致非靶标田块作物遭受严重药害，应格外注意此类除草剂的使用。

第四，尽量避免使用靶标麦田杂草中已经明确发生了抗药性的相关除草剂及其同类药剂。随着除草剂的连年使用，麦田杂草种群可能已经对特定除草剂产生了抗药性。对于已经明确发生了杂草抗药性的麦田田块，应基于抗药性的杂草种群及相关除草剂信息，选用不同作用机理的除草剂进行轮替使用，避免抗药性水平的积累和进一步暴发。

3. 合理确定除草剂的使用方法和使用量

首先，应根据除草剂产品说明，确定麦田除草剂的使用时期和使用方法。不同除草剂有不同的适用时期，不同的小麦生育期对不同的除草剂具有不同的耐药性，因此，应根据麦田除草剂的使用时期确定备选药剂。

其次，应根据小麦生长状况及生育期、靶标杂草草相状况，确定除草剂的施药方式和剂量。小麦幼苗对除草剂的耐药性水平与其叶龄期及健康状况直接相关，小苗、弱苗对除草剂的耐药性低，因此施用除草剂剂量较高时易发生药害。同时，麦田杂草群落的种类组成、杂草密度、杂草群体叶龄等与除草剂防效也直接相关，杂草植株较大、密度较大、分蘖较多时，其对除草剂的耐药性也较强，防除时需使用较高剂量的除草剂。因此，使用除草剂控草之前应充分了解田间的小麦生长状况和杂草草相情况，并综合小麦安全性和杂草防控效果两方面确定用药剂量。

最后，根据土壤质地、墒情和天气情况等因素确定除草剂使用剂量和喷液量。土壤质地、墒情、气温变化、降雨情况等对除草剂防效及安全性影响较大，使用除草剂之前，应充分掌握田间的土壤墒情和用药后一周的气温和降水情况，进而确定除草剂的使用剂量和用水量。例如，土壤沙质较重或有机质含量较高时会导致多种除草剂药效下降，因此在用药时宜采用推荐剂量范围内的较高剂量。

4. 尽量轮替使用不同作用机理的除草剂

连年使用同种除草剂容易导致杂草暴发抗药性，并且抗药性杂草常对同一作用机理的多种除草剂产生交互抗性。因此，使用除草剂防控麦田杂草时，应尽量轮替使用不同作用机理的除草剂。一旦田间发现少数对特定除草剂不敏感的靶标杂草（疑似抗药性杂草），应尽早采取措施进行人工防除，如在抽穗期进行剪穗防除，不让其产生种子，以免杂草抗药性积累、蔓延和暴发。

5. 施药后避免除草剂飘移药害

除草剂使用后，田间灌溉水串流到非用药田间可能会导致作物的飘移药害。除草剂包装瓶、袋、盒等丢弃至田间或在沟渠清洗施药器械时，其中残存的药液也可能随着灌溉水流入作物田发生药害，或者流入养殖场发生中毒事件。因此，应规范使用除草剂喷药器械（包括配套的田间管理措施），除草剂喷施完毕后，规范清洗器械，回收包装袋。避免在河塘等水体中清洗施药器具，避免药液进入地表水体。施药后的用水不得直接排入水田，也不得用于浇灌蔬菜。许多种类的除草剂产品对虾、鱼、蜂、蚕等有毒，应仔细阅读说明书，防止飘移药害。

6. 做好用药记录

麦田杂草危害严重，控草成本较高，并且药害事故频发。除草剂使用记录不仅可以作为发生药害事故或防控失败时进行归因和补救的依据，同时可以为制订综合的麦田除草剂轮替应用方案提供直接依据，而且对于研究麦田杂草群落演替和除草剂生态毒性及其治理均具有重要的意义。因此，麦田除草剂用药后应对使用除草剂的产品包装、田间杂草种类和生育期、小麦幼苗生长情况、施药作业参数等逐一拍照存档，并记录所使用除草剂的施用剂量、施用方法、用药时间、施用量、杂草种类和发生量、用药时小麦幼苗的生长情况等信息。

第三章 我国小麦田飞防除草技术

一、飞防除草技术的优势与限制

我国小麦田施用除草剂的方式主要包括人工背负喷雾器喷施、拖拉机牵引喷杆喷雾器施用、植保无人机喷施（简称飞防）。一些农户使用担架式喷雾器喷施（又称托皮管喷雾）或弥雾机喷施，但这两种方法均难以保证施药的均匀性，故不适于喷施麦田除草剂。

1. 小麦田飞防除草技术优势

（1）**高效性和高突击能力。** 植保无人机喷施除草剂作业飞行阻力小、喷幅较大，其下压风场带动药液雾滴快速沉降。以大疆 T20 型植保无人机为例，喷施除草剂喷幅常为 5.5 米左右，每秒飞行 5 米，则每秒的施药面积约为 27.5 米^2，一个飞行架次喷施作业 12 分钟可最多处理近 30 亩，考虑到换药、更换电池、风速过大时暂停飞喷等因素，大疆 T20 每小时的施药作业面积为 70～100 亩，且可在夜间施药。因此，植保无人机喷施除草剂具有高效性，可以在极短的时间内完成突击施药作业，具备其他施药方式难以实现的突击施药能力。

（2）**适应性广。** 一方面，植保无人机在空中飞行喷药，不需机械或者人在田间行走，因此飞防可以摆脱田间土壤湿度和地势平整度等因素的限制；另一方面，植保无人机整体轻便小巧，可以深入坡地、丘陵、山区、梯田等替代地面喷雾和人工喷雾作业。

（3）**用工少。** 随着信息化技术和无人机制造工艺的不断进步，飞防控制的智能化水平不断提高，飞防施药一组 2～3 人即可，大幅减少了施药的人工成本。此外，施药操作员与喷施药液近距离接触时间短，降低了施药中毒风险。

2. 小麦田飞防除草技术限制

（1）飞防喷施药液雾滴沉降不均匀导致施药效果不稳定。飞防施药的喷液高度通常在作物田上方 1.5～2.5 米，而常规地面喷雾的喷液高度常为作物田上方 0.3～0.5 米。因此，飞防喷施药液雾滴滞空时间大幅延长，易受无人机风场和自然风干扰，造成药液不均匀沉降甚至飘飞，导致田内局部斑块草害失防，另一些斑块作物秧苗发生药害或周边敏感作物发生严重药害。此外，喷液量的限制也导致沉降的药液雾滴覆盖度相对较低，进而可能影响药效。由于机载容量和动力方面的限制，飞防施药的喷液量常为每亩 1.5～4 升，而常规地面喷雾的喷液量常为每亩 30～45 升。喷液量的巨大差异，导致在杂草发生密度大、田间干旱等情况下防效不理想。

（2）飘移药害和杂草防控失败。飞防喷施药液雾滴可随风飘飞较远距离，甚至造成数千米外的敏感作物发生严重药害。药液雾滴受随机风干扰飘移可造成田内沉降不均匀而导致部分斑块小麦幼苗发生药害、部分斑块因施药量不足而发生杂草防控失败的现象。

（3）设备购置和维修保养成本较高。多旋翼植保无人机费用为 5 万～10 万元，油动无人机价格更高，并且飞防装备保养和维修成本也较高，维修保养网点普及率不够，因此限制了普通种植户购置相关设备。

（4）飞防作业对专业知识、水平和技能要求较高。小麦田化学除草作业本身具有较高的技术要求，飞防除草药液沉降不均和飘移药害风险更大。因此，不同飞防操作员进行作业后的施药效果之间的差异更趋于极端化。"会飞的不懂药，懂药的不会飞"是小麦田飞防除草中的常见现象。操作不当，轻则导致防效不稳定、作物药害、装备零件损坏等，重则可能引发飞机损毁，甚至人员损伤等严重事故。

二、飞防除草的技术流程

1. 确定飞防任务

确定飞防作业地点，明确当地飞防作业前后一段时间内的气温、降雨、风力等天气情况，选定合适的时间进行飞防作业。明确作业田间的作物及其生育期、生长势、靶标有害生物发生情况等，查验拟用于飞防喷施的药剂及相关的助剂，明确飞防喷施药液的配制方法，针对相关的药剂预测飞防作业的可能效果、作业效率及潜在风险，并做好应对预案。

2. 测绘飞防田块

勘察作业田间的地势、地貌（障碍物分布），确定田间不适宜进行飞防作业的区域。进行作业田间测绘，测量作业区域边界和面积，设置障碍物点，规划飞防作业路线，设定飞防航线。特别注意须充分考虑飞防药液雾滴飘飞导致周边非靶标作物药害风险，对于周边 2 千米内的敏感作物大田或藕塘等应充分重视飘移药害风险。

3. 确定飞防作业小组

确定飞防作业任务并完成勘察和测量作业后，根据实际情况，确定飞防作业小组并完成无人机及相关人员配备和任务分工，调试飞防设备，准备好飞防作业相关的各种物资和应急处理预案，以及备用的设备和物资等，落实无人机充电场地和设备安排。

4. 飞防作业

作业小组应提前到达作业田间进行飞防作业前的准备工作。例如检查携带的设备及物资是否齐全且状态正常、熟悉地形、检查飞行航线路径有无障碍物（如电杆及电线、树木等）、确认作业航线基本规划是否合理、避免作业区域内闲杂人员进入等。配制飞防药

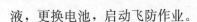

液，更换电池，启动飞防作业。

5. 保养和记录

完成飞防作业后应清洗并保养飞机，检查相关的软件系统、各种物资（农药、电池等）消耗情况，记录作业面积、飞行架次、用药量、作业效率等数据，分析实际完成作业与作业计划的吻合度，记录作业中的突发情况和应急预案执行情况等。

三、飞防除草主要注意事项

飞防施药涉及飞机飞行操作和农药使用两个方面，因此，不仅要考虑飞防作业的安全性、稳定性和可持续性，也要考虑农药使用的安全性和有效性。

1. 防飘移药害

防止药害是化学除草需首要考虑的因素。无人机施药时药液雾滴滞空时间较长等因素会导致较高的飘移风险，飞防飘移药害常导致作物严重减产。

首先，应明确施药小麦田周边2千米范围内的敏感作物分布情况，如蔬菜、中药材、花卉等，并且根据周边作物对施用药剂敏感性的等级设置隔离区，确保在排除药害风险的前提下进行施药作业。

其次，尽量在风速低于2米/秒时进行飞防施药。风速过大会直接导致药液雾滴沉降不均匀，造成局部斑块小麦药害。风速超过3米/秒时不宜进行喷液飞防作业。

再次，降低施药作业高度，即降低药液雾滴的沉降距离，缩短其滞空时间，减少药液随风飘飞。例如飞防喷施小麦田土壤处理剂的作业高度以距离土表1.5米左右为宜。

最后，尽量避免无人机施药作业断点续飞衔接处及无人机转向拐角处重喷或漏喷。

2. 农药使用

无人机喷药效率高、速度快，喷头堵塞会直接导致大面积施药不均。飞防施药前应充分考虑田间各种要素情况，选用合适的农药及助剂产品，仔细阅读相关产品标签，确定施药操作的用量、配制方法、喷液量等技术细节。

其一，飞防药剂尽量避免粉剂类农药。使用粉剂类农药可能堵塞喷头而造成大面积施药不均，影响施药效果甚至导致化除失败，并且药剂堵塞喷头也影响喷洒系统使用寿命。此外，飞防施药喷液量小，液体的溶解容量有限，施用农药必须充分溶解，飞防时应尽量避免除草剂与叶面肥、杀虫剂、杀菌剂等混合喷施。

其二，小麦田飞防除草应尽量选择内吸传导型药剂，特别是针对大龄杂草茎叶处理。小麦田恶性杂草常较为顽固、再生能力强，而较低的飞防喷液量限制了药液雾滴的覆盖度，所以触杀型药剂相对较难彻底杀灭杂草，进而使残存杂草在短期内利用麦田优越的养分、水分、光照等条件快速复绿，重发严重草害，导致化除失败。

其三，农药应现配现用，尤其是对易分层、沉淀的药剂，通常配好的农药应在 3 小时内完成喷施。应仔细阅读农药标签，避免拟喷施农药产品的混配禁忌。飞防喷液量小，药液的浓度高，因此需特别重视药液混配的均匀性。药液混配的顺序应准确，叶面肥与农药等混配的顺序通常为微肥、水溶肥、水分散粒剂、悬浮剂、微乳剂、水乳剂、水剂、乳油，将其依次加入，每加入一种即充分搅拌混匀，然后再加入下一种，原则上不超过 3 种。如果确实需要使用可湿性粉剂，其混配顺序建议在水分散粒剂之前。

其四，配农药的水应较为干净，不可用含杂质较多、浑浊的水配农药。

其五，施用农药时应充分考虑天气因素对药效和安全性的影响。除了风速影响外，下雨天也不宜进行飞防作业，以免药液随雨滴沉降而难以均匀分布或无法在杂草茎叶上沉降。高温和烈日下也不宜施药，以免药液雾滴大量蒸发损失。

3. 采用小型无人机喷施除草剂

植保无人机飞行过程中旋翼转动产生的下压风场促使药液雾滴沉降，然而无人机的下压风场并不均匀。在无人机飞行速度较快（4～6米/秒）时可以通过快速移动有效缓解无人机下压风场不均匀的问题，进而促进药液雾滴均匀沉降；飞行速度过慢（如2米/秒）不利于克服下压风场不均匀导致的飞喷不均问题。无人机下压风场的均匀性还受飞喷作业高度和飞行速度交互影响。例如，有研究表明，无人机在飞喷速度6米/秒、飞喷高度1米时，及飞喷速度4米/秒、飞喷高度3米时风场都较为均匀；飞喷高度2米、飞喷速度2～6米/秒时风场的均匀性均低于前两者。此外，3米的飞喷高度会导致药液雾滴滞空时间拉长，进而增大了药液雾滴随自然风飘飞的风险。

4. 人员安全防控

施药操作时，相关人员与植保无人机需保持一定的安全距离，穿戴防护服和口罩，避免无关人员靠近；有风时飞手（植保无人机操控手）要站在上风口施药；完成飞防作业后要及时更换服装，清洗自身。如果飞手不慎将农药溅入眼睛或皮肤上，应及时用大量清水反复冲洗；如出现头痛、头昏、恶心、呕吐等农药中毒症状，应立即停止作业，离开施药现场，脱掉污染衣物并携带农药标签前往医院就诊。此外，应避免无关人员进入飞防作业区内，以免造成无人机物理伤害事故。

5. 植保器械使用

工作结束后应及时回收剩余药液，清洗植保机喷药系统，清洗器械的污水应妥善处理，防止污染饮用水源、鱼塘、其他作物田块等。总之，专业的植保无人机和农药产品均有详细的操作指南、注意事项和安全须知等内容，飞防作业相关人员务必事先仔细阅读这些材料，按照说明进行飞防作业。

6. 做好飞防作业记录并归档

麦田飞防除草作业效率高，作业质量波动大，飞防效果和药害风险也随之波动。除草剂使用记录可以作为发生药害事故或防控失败时进行归因和补救的依据，同时也是技术摸索进步的基础资料。因此，用药后应对使用除草剂的产品包装、田间主要杂草种类及发生量和小麦幼苗生长情况等逐一拍照存档，并记录所使用除草剂的施用剂量、施用方法、无人机飞喷作业参数、用药时间、喷液量、用药时小麦幼苗的生长情况和草相情况等信息。

四、"纵横二刷"飞防喷药技术

1. 飞防施药防飘移技术

飞防除草技术发展应用的两个关键点是保证作业效率和效果、防止药液飘移。经过10多年的发展，我国飞防施药技术已成为粮食作物病虫害防治最常用的技术之一，但在杂草防治中，药液飘移问题仍然限制飞防除草技术普及应用。目前，我国粮食作物田推广应用的除草剂几乎均具有高效性，但杂草出苗基数庞大，多种主要杂草单株生长潜力和结实量大，若以除草剂推荐剂量施药，对靶标杂草的田间防效常低于85%而导致草害防控失败。而且作物与杂草同为植物，除草剂过量使用或者飘移至周边敏感作物易导致严重的药害事故。因此，防止药液飘移是当前飞防除草技术发展中的瓶颈。

为有效解决飞防药液飘移问题，目前的主要方法包括添加促沉降助剂、调整飞防喷液量、调整喷头型号和飞喷雾滴粒径、调整飞喷作业高度、设置飞防缓冲区等。喷液量是飞防作业的关键参数。一方面，提高喷液量可以增加药液雾滴数而增加药液在靶标区域内的覆盖度。因此在一定范围内，增加喷液量常可以提高施药效果。

另一方面，植保无人机的载荷、电池供能持续时间和循环使用寿命均较为有限，田间作业常需要配套燃油发电机以供充电，增加喷液量也意味着飞防作业效率线性降低，成本线性上涨。明确最佳喷液量是推动飞防技术发展的重要研究方向。在植保无人机喷施麦田除草剂的研究中发现，随着喷液量从每亩 0.5 升增加至 2 升，药液雾滴盖度也从 2.3% 上升至 12.8%。一份研究植保无人机喷施杀虫剂防治玉米田草地贪夜蛾（*Spodoptera frugiperda*）的结果表明，喷液量每亩 0.5 升、1 升、1.5 升、2 升处理下，沉降至玉米叶片上的药液雾滴盖度均值分别为 5.9%、6.5%、9.2%、11.8%，对草地贪夜蛾的防效分别为 59.4%、71.6%、83.5%、85.4%。在棉花采收前施用催枯除草剂的研究发现，飞防喷液量每亩 0.7～1.2 升即可达到预期效果。当前，我国利用植保无人机飞防粮食作物病虫害、喷施催枯除草剂时，喷液量常为每亩 1～2 升，但在草害治理中喷液量每亩 2 升常不足以保证施药效果，除非喷施除草剂对作物高度安全且对靶标杂草具有超高活性。用于病虫害防治的农药对目标粮食作物的药害风险相对于除草剂较低，而催枯除草剂对目标作物基本上不存在药害问题。因此，病虫害飞防和飞防催枯施药可以用较高浓度和较高剂量的内吸传导型农药来弥补雾滴覆盖度不足的问题，从而达到预期防效。在特定剂量下，除草剂药液雾滴覆盖度和均匀度直接影响施药效果，特别是在难治杂草茎叶处理和施用土壤处理剂方面。

2. "纵横二刷"飞防施药法

研究发现，通过优化飞喷路线也可以有效提高飞防施药效果。植保无人机飞行时，旋翼转动形成下压风场可以促进药液雾滴沉降，但植保无人机风场风力并不均匀，进而导致药液雾滴在无人机风场作用下不均匀沉降。2019 年在生产调研中发现，有农户利用无人机播种水稻时，在保持亩播种量不变的前提下，将一次播种改为两次播种，每次播一半的量，有效提升了播种后水稻出苗的均匀度。农户进一步将两次播种设计成不同的飞播路线，更进一步地提高了水稻出苗均匀度。受此启发，笔者团队自 2020 年开始探索飞喷作业路线与喷液量协同提升稻麦飞防施药效果这一课题，研究发现，利用植保无人机喷施水稻和小麦田除草剂处理敏感杂草茎叶时，喷液量 1.5 升/亩即可达到预期效果，而喷施茎叶处理剂防控难治杂草和喷施土壤处理剂时，喷液量需调高至 3～4 升/亩，且需采用"纵横二刷"喷法（图 3-1），即在喷液量和施药量不变的情况下，分经线和纬线两条飞行路径进行两次飞喷作业。

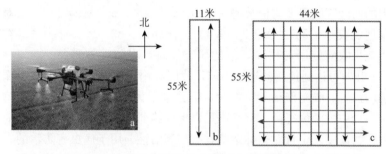

图 3-1　利用大疆 T20 型植保无人机（a）喷施除草剂，采用常规
飞喷路线（b）或纵横二刷飞喷策略（c）

3. "纵横二刷"飞防施药试验结果

2020—2023 年在江苏省南通市海安市雅周镇稻麦综合示范基地于各种除草剂施用适期开展大疆 T20 型植保无人机飞防试验（表 3-1），结果表明喷液量（1.5、2、3、4 升/亩）和飞喷路线（单一路线 1 次喷施、"纵横二刷"喷施）对飞喷土壤处理剂和飞喷茎叶处理剂的药效均有显著影响。小麦播后 7 天飞喷氟噻·吡酰·呋（氟噻草胺·吡氟酰草胺·呋草酮），采用常规飞喷方法，喷液量从 1.5 升/亩增加到 4 升/亩，对禾本科杂草鲜重防效从 68.0% 上升至 82.5%，对阔叶杂草鲜重防效从 80.0% 上升至 89.1%。"纵横二刷"喷法配合喷液量 3 升/亩或 4 升/亩对杂草的防效与人工背负喷雾器防效相当或略高于人工喷药（表 3-2）。

表 3-1 飞喷试验处理（FT1-FT6）和人工施药处理（MT）

处理	喷液量（升/亩）	飞喷路线	处理面积
FT1	1.5	南-北	11 米×55 米
FT2	2	南-北	11 米×55 米
FT3	3	南-北	11 米×55 米
FT4	4	南-北	11 米×55 米
FT5	3	南-北 1 次＋东-西 1 次	44 米×55 米
FT6	4	南-北 1 次＋东-西 1 次	44 米×55 米
MT	30	人工喷雾	11 米×45 米
CK	0		5 米×55 米

表 3-2 各处理组施用氟噻·吡酰·呋后 150 天防效（％）

处理	禾草		阔叶草	
	株防效	鲜重防效	株防效	鲜重防效
FT1	(63.6±2.9) c	(68.0±2.9) d	(72.4±1.6) b	(80.0±2.1) d
FT2	(64.7±2.2) bc	(69.7±1.9) d	(73.7±3.2) b	(83.2±1.3) c
FT3	(70.0±2.9) b	(76.8±1.3) c	(86.4±1.4) a	(88.1±1.0) b
FT4	(80.0±1.4) a	(82.5±1.2) b	(85.8±1.2) a	(89.1±1.0) b
FT5	(80.1±2.5) a	(85.8±1.2) ab	(90.2±1.2) a	(93.5±1.0) a
FT6	(84.6±1.1) a	(89.3±0.9) a	(92.1±1.1) a	(96.3±0.6) a
MT	(80.1±0.9) a	(83.7±0.9) ab	(90.9±1.3) a	(94.0±0.9) a

注：同一列中不同处理组防效数据标注的字母相同表示处理间无显著性差异。$P<0.05$。

小麦返青后拔节前飞喷双氟·氟氯酯（双氟磺草胺·氟氯吡啶酯）茎叶处理阔叶草试验结果表明，防除猪殃殃时采取常规喷法配合喷液量 1.5 升/亩，即可达到预期效果，但防除发生量较大的牛繁缕时，须采取纵横二刷喷法配合喷液量 3～4 升/亩。飞喷唑啉草酯＋甲基二磺隆处理茵草试验得到了一致的结论。

2021—2022年在江苏省南通市海安市雅周镇稻麦综合示范基地，于机插秧水稻移栽后茎叶处理剂施用适期，开展大疆 T20 型植保无人机飞防试验，结果表明纵横二刷喷法可显著提升施用除草剂对难治禾本科杂草稗草和千金子（*Leptochloa chinensis*）的药效。

第四章　我国小麦田杂草全程防控技术

一、我国小麦生产中的主要农艺控草措施

1. 控制杂草种子库

杂草种子是麦田杂草发生的根源，控制杂草种子库是控制麦田草害发生的基础。麦田杂草出苗主要来自于上一季小麦种植期间杂草种子落粒后输入土壤种子库，但沟渠、田埂和农机裹挟草籽也可成为麦田杂草种子库的重要来源，此外小麦种子中混杂的草籽也可能成为重要的草害发生来源。阻断种子库输入和积累的常见农艺措施包括精选种子，清理沟渠和田埂上的杂草植株与草籽，在主要沟渠进水口设置拦网拦截秸秆等漂浮物（其内常裹挟有大量种子），稻麦连作田和水稻田整地后利用浮网打捞秸秆和草籽，清理农机夹杂的土块等。例如，强胜团队长期开展稻-麦连作田生态控草技术研究，研究表明拦网网捞杂草种子可以大幅降低稻麦杂草种子库规模，显著控制杂草出苗基数。随机检测了30台完成小麦收割的收割机裹挟的土块，发现平均每台收割机裹挟约8 000粒茵草种子，主要集中在收割机金属板上，履带和收割兜上也可裹挟较多杂草种子。

以段美生等人报道的节节麦在河北省南部小麦种植区的扩散成灾为例：1998年以前，节节麦在河北南部麦田极为少见；当地小麦田节节麦大面积成灾的原因是小麦种子管理不当，造成远距离扩散危害。2003年秋季播种期间调查发现，节节麦发生区的麦种检

出率为40%，小麦种子中含节节麦草籽的量为每千克10～56粒，农民相互串种是节节麦发生区扩大的主要原因。节节麦平均每穗结籽20～30粒，田间节节麦种子自然脱落率为80%，越夏后自然出苗率为65%，由零星发生至严重危害只需2～3年。节节麦种子较轻，易随风飘入农田，造成相邻田块扩散传播，也可随灌溉水传播扩散。有些农民将从麦粒中清理出来的节节麦种子直接倒在猪、羊、鸡等圈内，或用未加工粉碎的节节麦草籽饲喂家禽（畜），致使部分未经腐熟的有机肥裹挟节节麦种子，而后再进入农田造成传播扩散。此外，收割机械携带节节麦的种子也是该种传播扩散的主要原因之一。

2. 轮作倒茬

禾本科作物与阔叶作物轮作可以大幅提高化除效率，因此可成为杂草泛滥麦田可持续治理草害的重要措施。例如，禾本科杂草抗药性发生严重的小麦田，可以种植油菜等阔叶作物，以便于使用对油菜安全且对禾本科杂草高效的除草剂来有效控制禾本科草害，并经过油菜季大幅降低其土壤种子库规模，为下一季轮作小麦创造有利条件。有条件的地区或者种植主体，可以将田块分为小麦种植区和油菜种植区，每年进行轮换。魏守辉等研究表明，水稻—小麦轮作转为玉米—小麦和大豆—小麦轮作2年后，杂草种子库密度大幅降低。

3. 秸秆粉碎后深埋

秸秆粉碎后深埋在土层下面是小麦高产栽培的重要措施，也是麦田杂草高效化除的基础。小麦前茬作物秸秆还田未粉碎深埋可对小麦田杂草防控造成多方面的负面影响。其一，秸秆堆积在土壤表面会导致小麦田施用除草剂时，药剂未接触到土表，而使得土壤封闭施药后形成的除草剂药膜层存在缺口，导致封闭药剂防控杂草失败。其二，秸秆堆积在土壤表层可导致小麦种子播种后与土壤阻隔，或者小麦根系悬空，不利于小麦幼苗出苗和生长，进而加重除草剂的药害风险。其三，小麦收割时秸秆中常裹挟有大量的杂草种子，如未将其粉碎深埋可大幅增加土壤杂草种子库。有文献报道，随着秸秆还田的连年推进，大量大穗看麦娘的种子在田间被积存下来，农户为了节省耕种成本，以小麦播种前的浅耕、旋耕代替了传统的深耕，致使大量的大穗看麦娘种子集中在浅土层，有利于杂草种子的萌发危害。

4. 整地

小麦田整地的质量标准是"早""深""净""透""实""平""细""足"。"早"是指"早腾茬、早整地"，即前作收获一块就及早耕耙一块，及早整地，以便保墒；"深"是指适当加深耕层，一般机械深耕宜确保耕深在 25cm 以上，机械深松以 30cm 以上为宜；"净"是指及时灭茬，并拾净残存根茬；"透"是指耕深、耕透、耕到地边，不漏耕、漏耙；"实"是指土壤上虚下实，即表层不板结，下层不翘空；"平"是指地面平坦，畦平埂直，一般应在耕前粗平，耕后复平，做畦后细平，使耕层深浅一致；"细"是指土垡翻平、扣严，耙深耙细，无明、暗坷垃；"足"是指底墒充足。从杂草防控的角度看，高质量整地是有效化除的基础。

多数有活力的杂草种子集中在距土表 10 厘米之内的土层中，深翻耕 20 厘米以上可将聚集大量种子的表层土壤深埋，并将含活力种子较少的深层土壤置于土表，进而大幅减少杂草基数。杂草种子萌发后依赖种子中储存的能量不断生长，从土层中钻出即出苗，而麦田杂草种子中存储的养分较为有限，土层够深即可使大量萌发的杂草种子因无法出苗而自然消亡。以种子粒大、含有养分较多的大穗看麦娘为例，该杂草适宜在 0～3 厘米厚的土层中萌发出苗，土层深度达 8 厘米以上时，不能出苗。深翻耕可大幅降低麦田杂草出草基数，为麦田杂草化学防控减轻压力。因此，深翻耕是草害严重或者抗除草剂杂草成灾麦田草害治理的重要措施。Swanton 等研究表明，长期免耕直播田 90％的杂草种子集中在土壤 0～5 厘米深的土层中，通过翻耕可使 71％的杂草种子埋入 10～15 厘米深的土层中；Wrzesinska 等人的长期定位研究表明，免耕直播田 80.4％的杂草种子集中在距土表 0～10 厘米土层中，10～20 厘米和 20～30 厘米土层中所含的杂草种子数占比分别为 11.4％和 8.2％，而在每年翻耕后播种的田中，0～10 厘米、10～20 厘米和 20～30 厘米土层中的杂草种子数分别约占总数的 56％、33％、11％；严佳瑜等研究表明，浅耕＋水稻—绿肥轮作处理的田中，70％的杂草种子集中分布在地下 0～10 厘米土层中，稻麦连作田深翻耕处理可使一半以上的杂草种子被埋入地下 10～20 厘米的土层中。

在多雨地区，麦田整平土地也是保证土壤封闭效果的重要条件。在较为理想的条件下，小麦田土壤处理剂施用后可在土表形成均匀的药膜层，杀灭出苗过程中的杂草，然而土壤封闭施药后多雨天气可能导致药剂被雨水冲刷而分布不均匀，地高处药剂减少而效果下降，低洼处药剂积累而导致小麦严重药害。因此，在多雨地区种植小麦应重视整平土地，提高土壤封闭施药的持效性和安全性。

5. 播种后镇压

小麦为旱田作物，全生育期内麦田没有水层，田间施用除草剂进行土壤封闭后，药液分布于土壤表面，杂草在出苗过程中吸收药液而被杀灭。因此除草剂均匀分布于土表是土壤封闭施药的关键。小麦播种后未进行有效镇压的田块往往土壤缝隙多，杂草从土壤缝隙中钻出，因没有吸收到药剂而躲过土壤封闭，土块和土表秸秆团块也会导致大量杂草躲过土壤封闭。小麦播种后镇压可以为土壤封闭的高效性创造条件。

镇压也是小麦栽培中的重要农艺措施，通过镇压压碎土块、压实地面、缩小土壤缝隙，能起到保墒、保肥、提温的作用，秸秆还田的麦田通过镇压可防止种子以及小麦根系被秸秆架空而接触不到土层，进而促进小麦根系生长和水肥吸收。秸秆还田、播种过早、水肥充足、播种后温度较高的麦田，在冬前容易发生出苗不齐、徒长旺长、幼穗过早发育、过早拔节、抗寒性变差等问题，通过镇压可以有效改善上述问题，有利于小麦安全越冬。

可在播种1～2天后选择阴天或晴天的上午、傍晚时分，进行适度土壤镇压。墒情较差的地块，应当边播种边镇压或播种后立即镇压。一些小麦播种机自带镇压工序，应重视检查播种机自带镇压工序的作业质量。

6. 规范田间管理

小麦与杂草激烈竞争地下根系空间、养分、水分以及地上生长空间、光照等资源，根据小麦生长发育规律，加强麦田管理，促进小麦齐苗壮苗可以大幅压缩杂草发生、生长空间，一方面降低杂草发生对小麦长势的负面影响，另一方面杂草细瘦、分蘖少对除草剂的敏感性更高。因此，小麦齐苗壮苗不仅可以降低草害竞争压力，而且可以提高杂草化学防控效果。例如，应关注小麦种子的萌发整齐度；播种后田间过于干旱不利于小麦出苗时，应及时灌跑马水创造有利墒情，麦田积水时应及时排水；科学施用肥料和生长调节剂，促进小麦齐苗壮苗；科学开展病虫害防治，提高麦苗对除草剂的耐受性，降低药害风险等。

二、我国小麦田杂草全程防控技术参考模式

1. 稻茬小麦田杂草全程防控技术参考模式

稻茬小麦田杂草全程防控技术参考模式见表4-1。

表 4 - 1　稻茬小麦田杂草全程防控技术参考模式

时期	农业或生态措施	化学除草
10—11 月	粉碎水稻秸秆 深翻耕、秸秆深埋、平整土地 精选种子，适期播种小麦，播后镇压	麦田土壤封闭： ①小麦播后出苗至立针期使用氟噻草胺·吡氟酰草胺·呋草酮或者吡氟酰草胺·氟噻草胺。见效慢，持效期较长，田间干旱会使药效下降 ②晚播小麦于两个寒潮之间、禾本科杂草 1 叶 1 心期之前施药。最佳施药期为禾本科杂草立针期
12 月至翌年 1 月	规范田间管理，培育全苗壮苗	③撒播和无人机飞播等露籽麦田于"根入土苗见绿"时施药 ④部分禾本科杂草已达 2～3 叶期时可添加啶磺草胺（对菵草效果不佳）进行土壤封闭兼早期茎叶处理 针对禾本科杂草冬季茎叶处理： 早播麦田土壤封闭后禾本科杂草仍然发生量大时应考虑施用茎叶处理剂防控，可在小麦 3 叶期后施用唑啉草酯、啶磺草胺
2—3 月	规范田间管理，培育全苗壮苗	小麦返青后茎叶处理： ①针对不同的草相选择适宜药剂施用 ②小麦拔节后不宜针对禾本科杂草开展化除，但针对猪殃殃、牛繁缕发生严重的田块仍可选用安全性高的药剂防控 ③建议每位种植户在田间设置小区，检测田间杂草对不同茎叶处理剂的药敏性，便于来年准确选药
4—6 月	记录田间杂草种类和发生情况，清理田边杂草，于禾草抽穗期进行剪穗处理。水稻移栽前整地后拦网捞秸秆和草籽团块	必要时采用定向喷雾的方式施用灭生性除草剂＋土壤处理剂防控田埂、沟渠杂草

2. 旱茬小麦田杂草全程防控技术参考模式

旱茬小麦田杂草全程防控技术参考模式见表4-2。

表4-2 旱茬小麦田杂草全程防控技术参考模式

时期	农业或生态措施	化学除草
10—11月	粉碎上茬作物秸秆 深翻耕、秸秆深埋、平整土地 精选种子，适期播种小麦，播后镇压	麦田土壤封闭： ①小麦播后根据上一季小麦田记录的杂草种类选择合适药剂进行土壤封闭 ②部分禾本科杂草已达2～3叶期时可添加氟唑磺隆、啶磺草胺进行土壤封闭兼早期茎叶处理
12月至翌年1月	规范田间管理，培育全苗壮苗	针对禾本科杂草冬季茎叶处理： 早播麦田土壤封闭后禾本科杂草仍然发生量大时应考虑施用茎叶处理剂防控，可在小麦3叶期后施用唑啉草酯、啶磺草胺、氟唑磺隆防控。节节麦发生量大的田块可根据农药产品包装说明使用甲基二磺隆处理
2—3月	规范田间管理，培育全苗壮苗	小麦返青后茎叶处理： ①针对不同的草相选择适宜药剂施用 ②小麦拔节后不宜针对禾本科杂草开展化除 ③建议每位种植户在田间设置小区，检测田间杂草对不同茎叶处理剂的药敏性，便于来年准确选药
4—6月	记录田间零星杂草种类和发生情况。清理田边杂草，于禾草抽穗期进行剪穗处理	必要时采用定向喷雾的方式施用灭生性除草剂+土壤处理剂防控田埂、沟渠杂草

3. 春小麦田杂草全程防控技术参考模式

春小麦田杂草全程防控技术参考模式见表4-3。

表 4 - 3　春小麦田杂草全程防控技术参考模式

时期	农业或生态措施	化学除草
4 月	深翻耕、平整土地 精选种子，适期播种小麦 规范田间管理，培育全苗壮苗	小麦播种前土壤封闭： 小麦整地后播种前，根据上一季小麦田记录的杂草种类选择合适药剂进行土壤封闭，施药后耙翻混土，然后播种小麦。 小麦播种后苗前土壤封闭： 小麦播种后根据上一季小麦田记录的杂草种类选择合适药剂进行土壤封闭
5 月	规范田间管理，培育全苗壮苗	春小麦 3～5 叶期茎叶处理： ①针对不同的草相选择适宜药剂施药 ②小麦拔节后不宜针对禾本科杂草开展化除 ③建议每位种植户在田间设置小区，检测田间杂草对不同茎叶处理剂的药敏性，便于来年准确选药
6—7 月	记录田间零星杂草种类和发生情况。清理田边杂草，于禾草抽穗期进行剪穗处理	必要时采用定向喷雾的方式施用灭生性除草剂＋土壤处理剂防控田埂、沟渠杂草

第五章　我国小麦田登记使用除草剂活性成分及其使用技术

一、我国小麦田登记使用除草剂活性成分

根据中国农药信息网（http：//www.chinapesticide.org.cn/zwb/dataCenter）的农药登记数据，截止到 2024 年 3 月 1 日，我国小麦田登记使用的除草剂活性成分共有 45 种，涉及 13 种不同的作用机理（表 5-1）。其中 ALS（乙酰乳酸合酶）抑制剂最多，达 12 种，其次是合成激素（8 种）、ACCase（乙酰辅酶 A 羧化酶）抑制剂（5 种）、PDS（八氢番茄红素脱氢酶）抑制剂（3 种）、PPO（原卟啉原氧化酶）抑制剂（3 种）、光系统 IIA 位点抑制剂（3 种）、细胞有丝分裂抑制剂（3 种）、HPPD（对-羟基苯丙酮酸双氧化酶）抑制剂（2 种）、光系统 IIB 位点抑制剂（2 种）、DOXP（1-脱氧-D-木酮糖-5-磷酸合成酶）抑制剂（1 种）、VLCFA（极长侧链脂肪酸）合成抑制剂（1 种）、脂质合成抑制剂（1 种）、作用机理未知（1 种）。作为土壤处理剂使用（主要杀灭萌动期间及出苗后 1.5 叶期之内的杂草）的除草剂 16 种，作为茎叶处理剂使用（杂草主要通过茎叶吸收后被杀死）的除草剂 36 种，7 种除草剂兼具土壤处理和茎叶处理活性。45 种小麦田除草剂活性成分中 40 种为内吸传导型药剂，5 种为触杀型药剂。

表 5-1　我国登记在小麦田使用的除草剂活性成分

序号	活性成分	使用时期	作用机理	化学类别
1	精噁唑禾草灵	茎叶	ACCase 抑制剂	芳氧基苯氧基丙酸酯类

（续）

序号	活性成分	使用时期	作用机理	化学类别
2	炔草酯	茎叶	ACCase 抑制剂	芳氧基苯氧基丙酸酯类
3	禾草灵	茎叶	ACCase 抑制剂	芳氧基苯氧基丙酸酯类
4	三甲苯草酮	茎叶	ACCase 抑制剂	环己烯酮类
5	唑啉草酯	茎叶	ACCase 抑制剂	新苯基吡唑啉类
6	噻吩磺隆	封闭、茎叶	ALS 抑制剂	磺酰脲类
7	氯吡嘧磺隆	封闭、茎叶	ALS 抑制剂	磺酰脲类
8	氟唑磺隆	封闭、茎叶	ALS 抑制剂	磺酰脲类
9	酰嘧磺隆	茎叶	ALS 抑制剂	磺酰脲类
10	甲基碘磺隆钠盐	茎叶	ALS 抑制剂	磺酰脲类
11	甲基二磺隆	茎叶	ALS 抑制剂	磺酰脲类
12	苯磺隆	茎叶	ALS 抑制剂	磺酰脲类
13	苄嘧磺隆	茎叶	ALS 抑制剂	磺酰脲类
14	单嘧磺隆	茎叶	ALS 抑制剂	磺酰脲类
15	双氟磺草胺	茎叶	ALS 抑制剂	三唑并嘧啶磺酰胺类
16	啶磺草胺	茎叶	ALS 抑制剂	三唑并嘧啶磺酰胺类
17	唑嘧磺草胺	封闭、茎叶	ALS 抑制剂	三唑并嘧啶磺酰胺类
18	二氯异噁草酮	封闭	DOXP 抑制剂	噁唑酮类
19	环吡氟草酮	茎叶	HPPD 抑制剂	吡唑酮类
20	双唑草酮	茎叶	HPPD 抑制剂	吡唑酮类
21	呋草酮	封闭	PDS 抑制剂	苯基呋喃酮类
22	吡氟酰草胺	封闭、茎叶	PDS 抑制剂	吡啶酰胺类
23	氟吡酰草胺	封闭	PDS 抑制剂	吡啶酰胺类
24	乙羧氟草醚*	茎叶	PPO 抑制剂	二苯醚类
25	唑草酮*	茎叶	PPO 抑制剂	三唑啉酮类
26	吡草醚*	茎叶	PPO 抑制剂	新型苯基吡唑类
27	砜吡草唑	封闭	VLCFA 合成抑制剂	异噁唑类

（续）

序号	活性成分	使用时期	作用机理	化学类别
28	异丙隆	封闭、茎叶	光系统 IIA 位点抑制剂	取代脲类
29	绿麦隆	封闭、茎叶	光系统 IIA 位点抑制剂	取代脲类
30	扑草净	封闭	光系统 IIA 位点抑制剂	三嗪类
31	灭草松*	茎叶	光系统 IIB 位点抑制剂	苯并噻二嗪酮类
32	辛酰溴苯腈*	茎叶	光系统 IIB 位点抑制剂	苯腈类
33	麦草畏	茎叶	合成激素	苯甲酸类
34	2 甲 4 氯	茎叶	合成激素	苯氧羧酸类
35	2,4-滴	茎叶	合成激素	苯氧羧酸类
36	氟氯吡啶酯	茎叶	合成激素	吡啶甲酸类
37	二氯吡啶酸	茎叶	合成激素	吡啶甲酸类
38	氨氯吡啶酸	茎叶	合成激素	吡啶甲酸类
39	氯氟吡氧乙酸	茎叶	合成激素	吡啶氧乙酸类
40	三氯吡氧乙酸	茎叶	合成激素	吡啶氧乙酸类
41	氟噻草胺	封闭	细胞有丝分裂抑制剂	芳氧乙酰胺类
42	丙草胺	封闭	细胞有丝分裂抑制剂	氯乙酰胺类
43	乙草胺	封闭	细胞有丝分裂抑制剂	氯乙酰胺类
44	野麦畏	封闭	脂质合成抑制剂	硫代氨基甲酸酯类
45	野燕枯	茎叶	作用机理未知	吡唑类

注：茎叶＝作为茎叶处理剂使用，封闭＝作为土壤处理剂使用。ACCase＝乙酰辅酶 A 羧化酶；ALS＝乙酰乳酸合酶；DOXP＝1-脱氧-D-木酮糖-5-磷酸合成酶；HPPD＝对-羟基苯丙酮酸双氧化酶；PDS＝八氢番茄红素脱氢酶；PPO＝原卟啉原氧化酶；VLCFA＝长侧链脂肪酸。* 指触杀型除草剂，其他 40 种为内吸传导型除草剂。

　　我国登记在小麦田使用的除草剂单剂和复配剂活性成分类型共 141 种（表 5 - 2），其中杀草谱包括禾草的有 77 种，杀草谱包含阔叶草的有 127 种，杀草谱兼顾禾草和阔叶草的有 63 种。总体而言，在寒潮多发的冬小麦种植区使用含有异丙隆的药剂用于土壤封闭存在一定的冻药害风险，特别是前茬作物秸秆量大、未充分粉碎深埋、小麦播种后未进行有效镇压作业的田块；冬季使用甲基二磺隆存在冻药害和渍药害风险，特别是在多雨地区和土壤黏性大的区域。在冬季多雨地区，土壤黏性较大、保水性好的小麦田使用乙草胺进行土壤封闭的渍药害风险较高。

表 5 - 2　我国登记在小麦田使用的除草剂单剂和复配剂活性成分

序号	活性成分	防除对象	使用时期
1	2,4-滴＋氨氯吡啶酸	阔叶草	茎叶
2	2,4-滴二甲胺盐＋麦草畏	阔叶草	茎叶
3	2甲4氯	阔叶草	茎叶
4	2甲4氯＋绿麦隆	各种杂草	茎叶
5	2甲4氯＋氯氟吡氧乙酸	阔叶草	茎叶
6	2甲4氯＋辛酰溴苯腈	阔叶草	茎叶
7	2甲4氯钠＋苯磺隆	阔叶草	茎叶
8	2甲4氯钠＋麦草畏	阔叶草	茎叶
9	2甲4氯钠＋灭草松	阔叶草	茎叶
10	2甲4氯钠＋炔草酯	各种杂草	茎叶
11	2甲4氯钠＋唑草酮	阔叶草	茎叶
12	氨氯吡啶酸	阔叶草	茎叶
13	苯磺隆	阔叶草	茎叶
14	吡草醚	阔叶草	茎叶
15	吡氟酰草胺	阔叶草为主	兼顾
16	吡氟酰草胺＋氟噻草胺	各种杂草	兼顾
17	吡氟酰草胺＋甲基二磺隆	各种杂草	兼顾
18	吡氟酰草胺＋甲基二磺隆＋异丙隆	各种杂草	兼顾
19	吡氟酰草胺＋双氟磺草胺	阔叶草为主	兼顾

（续）

序号	活性成分	防除对象	使用时期
20	吡氟酰草胺＋异丙隆＋唑啉草酯	各种杂草	兼顾
21	苄嘧磺隆	阔叶草	茎叶
22	苄嘧磺隆＋2甲4氯钠	阔叶草	茎叶
23	苄嘧磺隆＋苯磺隆	阔叶草	茎叶
24	苄嘧磺隆＋氯氟吡氧乙酸异辛酯	阔叶草	茎叶
25	苄嘧磺隆＋噻吩磺隆	阔叶草	茎叶
26	苄嘧磺隆＋乙草胺＋扑草净	各种杂草	封闭
27	苄嘧磺隆＋异丙隆	各种杂草	兼顾
28	丙草胺	禾草为主	封闭
29	单嘧磺隆	阔叶草为主	茎叶
30	啶磺草胺	部分杂草	茎叶
31	啶磺草胺＋氟氯吡啶酯	部分禾草、阔叶草	茎叶
32	啶磺草胺＋双氟磺草胺	部分禾草、阔叶草	茎叶
33	啶磺草胺＋异丙隆	禾草、部分阔叶草	茎叶
34	啶磺草胺＋唑啉草酯	禾草为主	茎叶
35	二氯吡啶酸	阔叶草	茎叶
36	二氯异噁草酮	阔叶草	封闭
37	砜吡草唑	部分杂草	封闭
38	呋草酮	阔叶草	封闭
39	氟吡酰草胺	阔叶草	封闭
40	氟氯吡啶酯	阔叶草	茎叶
41	氟噻草胺	部分杂草	封闭
42	氟噻草胺＋吡氟酰草胺＋呋草酮	各种杂草	封闭
43	氟唑磺隆	部分禾草	兼顾

（续）

序号	活性成分	防除对象	使用时期
44	氟唑磺隆＋苯磺隆	阔叶草、部分禾草	兼顾
45	氟唑磺隆＋炔草酯	禾草	兼顾
46	氟唑磺隆＋异丙隆	禾草、部分阔叶草	兼顾
47	氟唑磺隆＋异丙隆＋炔草酯	禾草、部分阔叶草	兼顾
48	禾草灵	禾草	茎叶
49	环吡氟草酮	部分禾草	茎叶
50	环吡氟草酮＋异丙隆	禾草	茎叶
51	甲基碘磺隆钠盐	阔叶草	茎叶
52	甲基二磺隆	部分杂草	茎叶
53	甲基二磺隆＋2,4-滴异辛酯	各种杂草	茎叶
54	甲基二磺隆＋氟唑磺隆	部分杂草	茎叶
55	甲基二磺隆＋氟唑磺隆＋炔草酯	禾草、部分阔叶草	茎叶
56	甲基二磺隆＋氟唑磺隆＋唑啉草酯	禾草、部分阔叶草	茎叶
57	甲基二磺隆＋甲基碘磺隆钠盐	各种杂草	茎叶
58	甲基二磺隆＋炔草酯	禾草、部分阔叶草	茎叶
59	甲基二磺隆＋唑草酮＋炔草酯	各种杂草	茎叶
60	甲基二磺隆＋唑啉草酯	禾草、部分阔叶草	茎叶
61	精噁唑禾草灵	禾草	茎叶
62	精噁唑禾草灵＋炔草酯	禾草	茎叶
63	精噁唑禾草灵＋噻吩磺隆＋苯磺隆	各种杂草	茎叶
64	精噁唑禾草灵＋异丙隆	禾草、部分阔叶草	茎叶
65	绿麦隆	禾草、部分阔叶草	兼顾
66	氯吡嘧磺隆	阔叶草	兼顾
67	氯吡嘧磺隆＋氟唑磺隆	阔叶草、部分禾草	兼顾

（续）

序号	活性成分	防除对象	使用时期
68	氯吡嘧磺隆＋双氟磺草胺	阔叶草	兼顾
69	氯氟吡氧乙酸	阔叶草	茎叶
70	氯氟吡氧乙酸＋苯磺隆	阔叶草	茎叶
71	氯氟吡氧乙酸＋唑草酮	阔叶草	茎叶
72	氯氟吡氧乙酸异辛酯＋氟氯吡啶酯	阔叶草	茎叶
73	氯氟吡氧乙酸异辛酯＋双唑草酮	阔叶草	茎叶
74	氯氟吡氧乙酸异辛酯＋辛酰溴苯腈	阔叶草	茎叶
75	氯氟吡氧乙酸异辛酯＋唑啉草酯	各种杂草	茎叶
76	麦草畏	阔叶草	茎叶
77	灭草松	阔叶草	茎叶
78	扑草净	部分杂草	封闭
79	炔草酯	禾草	茎叶
80	炔草酯＋苯磺隆	各种杂草	茎叶
81	炔草酯＋苄嘧磺隆＋乙羧氟草醚	各种杂草	茎叶
82	炔草酯＋苄嘧磺隆＋唑草酮	各种杂草	茎叶
83	炔草酯＋氯氟吡氧乙酸	各种杂草	茎叶
84	噻吩磺隆	阔叶草	兼顾
85	噻吩磺隆＋苯磺隆	阔叶草	兼顾
86	噻吩磺隆＋乙草胺	各种杂草	封闭
87	噻吩磺隆＋异丙隆	各种杂草	封闭
88	噻吩磺隆＋唑草酮	阔叶草	茎叶
89	三甲苯草酮	禾草	茎叶
90	三氯吡氧乙酸	阔叶草	茎叶
91	双氟磺草胺	阔叶草	茎叶

（续）

序号	活性成分	防除对象	使用时期
92	双氟磺草胺＋2,4-滴异辛酯	阔叶草	茎叶
93	双氟磺草胺＋2,4-滴异辛酯＋炔草酯	各种杂草	茎叶
94	双氟磺草胺＋2甲4氯异辛酯	阔叶草	茎叶
95	双氟磺草胺＋苯磺隆	阔叶草	茎叶
96	双氟磺草胺＋氟氯吡啶酯	阔叶草	茎叶
97	双氟磺草胺＋氟唑磺隆	阔叶草、部分禾草	茎叶
98	双氟磺草胺＋甲基二磺隆	各种杂草	茎叶
99	双氟磺草胺＋甲基二磺隆＋2甲4氯异辛酯	各种杂草	茎叶
100	双氟磺草胺＋甲基二磺隆＋氯氟吡氧乙酸异辛酯	各种杂草	茎叶
101	双氟磺草胺＋甲基二磺隆＋炔草酯	各种杂草	茎叶
102	双氟磺草胺＋氯氟吡氧乙酸异辛酯	阔叶草	茎叶
103	双氟磺草胺＋氯氟吡氧乙酸异辛酯＋2甲4氯异辛酯	阔叶草	茎叶
104	双氟磺草胺＋炔草酯	各种杂草	茎叶
105	双氟磺草胺＋炔草酯＋氯氟吡氧乙酸异辛酯	各种杂草	茎叶
106	双氟磺草胺＋异丙隆	各种杂草	茎叶
107	双氟磺草胺＋异丙隆＋甲基二磺隆	各种杂草	茎叶
108	双氟磺草胺＋唑草酮	阔叶草	茎叶
109	双氟磺草胺＋唑草酮＋氯氟吡氧乙酸异辛酯	阔叶草	茎叶
110	双氟磺草胺＋唑草酮＋炔草酯	各种杂草	茎叶
111	双氟磺草胺＋唑啉草酯	各种杂草	茎叶

（续）

序号	活性成分	防除对象	使用时期
112	双唑草酮	阔叶草	茎叶
113	酰嘧磺隆＋2甲4氯	阔叶草	茎叶
114	酰嘧磺隆＋甲基碘磺隆钠盐	阔叶草	茎叶
115	酰嘧磺隆＋双氟磺草胺	阔叶草	茎叶
116	辛酰溴苯腈	阔叶草	茎叶
117	野麦畏	阔叶草	茎叶
118	野燕枯	主要为野燕麦	封闭
119	乙草胺	部分杂草	封闭
120	乙草胺＋扑草净	各种杂草	封闭
121	乙羧氟草醚	阔叶草	茎叶
122	乙羧氟草醚＋苯磺隆	阔叶草	茎叶
123	异丙隆	禾草、部分阔叶草	兼顾
124	异丙隆＋苯磺隆	各种杂草	兼顾
125	异丙隆＋吡氟酰草胺	各种杂草	兼顾
126	异丙隆＋丙草胺	各种杂草	兼顾
127	异丙隆＋丙草胺＋氯吡嘧磺隆	各种杂草	兼顾
128	异丙隆＋甲基二磺隆	各种杂草	茎叶
129	异丙隆＋绿麦隆	禾草、部分阔叶草	封闭
130	异丙隆＋炔草酯	禾草、部分阔叶草	茎叶
131	异丙隆＋乙草胺	禾草、部分阔叶草	封闭
132	异丙隆＋唑啉草酯	禾草、部分阔叶草	茎叶
133	唑草酮	阔叶草	茎叶
134	唑草酮＋2甲4氯钠＋苯磺隆	阔叶草	茎叶
135	唑草酮＋苯磺隆	阔叶草	茎叶

（续）

序号	活性成分	防除对象	使用时期
136	唑草酮＋氯氟吡氧乙酸异辛酯＋苯磺隆	阔叶草	茎叶
137	唑草酮＋双氟磺草胺＋2甲4氯异辛酯	阔叶草	茎叶
138	唑啉草酯	禾草	茎叶
139	唑啉草酯＋炔草酯	禾草	茎叶
140	唑嘧磺草胺	阔叶草	兼顾
141	唑嘧磺草胺＋双氟磺草胺	阔叶草	茎叶

注：所有除草剂的杀草谱均有限，部分禾草或部分阔叶草表示涵盖的该类杂草种类较为有限；各种杂草表示杀草谱较宽，涵盖多种禾草、阔叶草和莎草。封闭＝土壤封闭；茎叶＝茎叶处理；兼顾＝兼具土壤封闭和茎叶处理活性。

二、土壤处理剂

1. 氟噻草胺 Flufenacet

芳氧乙酰胺类化合物，细胞有丝分裂抑制剂，拜耳公司开发，1998年氟噻草胺在美国取得全球首次登记，2015年开始在我国登记使用。

防治对象：可用于防除菵草、早熟禾、看麦娘等禾本科杂草，以及荠、卷茎蓼、马齿苋、龙葵、救荒野豌豆、田旋花、鼬瓣花、酸模叶蓼、柳叶刺蓼、反枝苋、鸭跖草、香薷、播娘蒿、牛繁缕等阔叶草。对日本看麦娘、播娘蒿、猪殃殃防效一般。对雀麦、节节麦、野燕麦等防效差。

特点：对小麦安全性好，在我国登记在小麦、玉米、水稻田使用。

使用方法：主要用作土壤处理剂，芽前、芽后皆可使用，尤其是对菵草具有突出的土壤封闭活性，宜在禾草1.5叶期前使用，在小麦田的单剂登记用量为有效成分量7.38～16.4克/亩。干旱情况下效果不好，禾草 2 叶期后效果大幅下降。

复配剂：

①氟噻草胺＋吡氟酰草胺＋呋草酮（氟噻·吡酰·呋）：可用含量为 11%＋11%＋11%的制剂每亩 60～80 毫升，土壤封闭使用，防治小麦田一年生杂草。最佳施药期在小麦播种后杂草立针期，适期播种冬小麦播后 5～7 天。对撒播和飞播等露籽小麦不安全，须等小麦幼苗"根入土苗见绿"后方可施用。杂草在生长过程中吸收药剂，中毒后逐渐枯死，见效慢，禾草 1.5 叶期后使用防效大幅下降。土壤干旱不利于药效发挥。

②吡氟酰草胺＋氟噻草胺（吡氟酰草胺·氟噻草胺）：可用含量为 15%＋15%的制剂每亩 60～70 克，或 10%＋10%的制剂每亩 100～120 克，或 11.7%＋23.3%的制剂每亩 65～95 毫升，土壤封闭使用，防治小麦田一年生杂草。对猪殃殃的土壤封闭效果欠佳。最佳施药期在小麦播种后杂草立针期，适期播种冬小麦播后 5～7 天。对撒播和飞播等露籽小麦不安全，须等小麦幼苗"根入土苗见绿"后方可施用。杂草在生长过程中吸收药剂，中毒后逐渐枯死，见效慢，禾草 1.5 叶期后使用防效大幅下降。

2. 呋草酮 Flurtamone

苯基呋喃酮类 PDS 抑制剂，1987 年的英国布莱顿植保会议上报道，Chevron 化学公司（后被拜耳公司收购）开发，2016 年开始在我国登记上市。

防治对象：洋甘菊、猪殃殃、繁缕和婆婆纳等阔叶草，以及早熟禾等少数禾本科杂草。

特点：阻断类胡萝卜素生物合成，使得叶片白化，最终导致植物死亡，用药后靶标杂草叶片或心叶发白呈现白斑，或叶片发紫。资料报道可用于棉花、花生、谷物、豆类和向日葵等作物田防除多种禾本科杂草和阔叶草。

使用方法：土壤处理剂，芽前、芽后皆可使用，在我国主要用于土壤封闭，作为复配剂组分使用。对麦田阔叶草具有高活性，但其对猪殃殃的封闭持效性不佳。

复配剂：

氟噻草胺＋吡氟酰草胺＋呋草酮（氟噻·吡酰·呋）：可用含量为 11％＋11％＋11％的制剂每亩 60～80 毫升，土壤封闭使用，防治一年生杂草。最佳施药期在小麦播种后杂草立针期，适期播种冬小麦播后 5～7 天。对撒播和飞播等露籽小麦不安全，须等小麦幼苗"根入土苗见绿"后方可施用。杂草在生长过程中吸收药剂，中毒后逐渐枯死，见效慢，禾草 1.5 叶期后使用防效大幅下降。

3. 氟吡酰草胺 Picolinafen

吡啶酰胺类 PDS 抑制剂，阻断类胡萝卜素生物合成，使得叶片白化，最终导致植物死亡。由巴斯夫公司于 2002 年开发上市，2019 年由山东先达农化股份有限公司在我国小麦田登记上市。

防治对象： 婆婆纳、繁缕、牛繁缕、宝盖草、荠、播娘蒿等一年生阔叶草。有研究表明其对猪殃殃的封闭效果欠佳。

特点： 抑制植物体内类胡萝卜素生物合成，进而导致叶绿素被破坏、细胞膜破裂，杂草表现为幼芽脱色或变白，最后整株萎蔫死亡。

使用方法： 小麦播后苗前封闭使用，在小麦田的单剂登记用量为有效成分量 3.4～4 克/亩。在低温、寒流及霜冻来临前后不宜用药，以防药害。

4. 乙草胺 Acetochlor

氯乙酰胺类内吸传导型除草剂，细胞有丝分裂抑制剂，由美国孟山都公司于 1971 年开发成功，1985 年开始在我国上市使用。

防治对象： 一年生禾本科杂草和部分小粒种子的阔叶草。对马唐、狗尾草、牛筋草、稗草、千金子、看麦娘、野燕麦、早熟禾、硬草、画眉草等一年生禾本科杂草防效好，对藜科、苋科、蓼科的阔叶草及鸭跖草、菟丝子、蔺草等阔叶草也有一定的防效，对牛繁缕防效较差，对马齿苋、铁苋菜、牵牛、田旋花的防效低，对多年生杂草无效。

特点：可被植物幼芽吸收，单子叶植物通过芽鞘吸收，双子叶植物通过下胚轴吸收传导，必须在杂草出土前施药，有效成分在植物体内干扰核酸代谢及蛋白质合成，使幼芽、幼根停止生长，如果田间水分适宜，幼芽未出土即被杀死。

使用方法：适宜在土壤类型为高沙土的小麦田播后苗前土壤喷雾使用，在我国小麦田主要作为复配剂组分使用。乙草胺对小麦的安全性较差，在土壤黏性大、多雨地区等容易积水的小麦种植区使用乙草胺药害风险较高，应慎用。乙草胺对露籽小麦有严重药害，撒播、飞播、免耕小麦田不宜施用。小麦出苗时遇低温、田间积水等不良环境易产生药害。若施药后遇大雨，药物随雨水向下渗透接触到麦种，会影响其出苗；在露籽较多的田块喷施乙草胺，麦苗出苗后叶片变厚变短，生长缓慢，颜色偏深，有黄尖现象。

复配剂：

①噻吩磺隆＋乙草胺（噻吩·乙草胺、噻磺·乙草胺）：可使用含量为 2%＋48% 的制剂每亩 60~80 毫升，或使用含量为 1%＋19% 的制剂每亩 80~100 毫升，播后苗前土壤处理使用，防治一年生杂草。对猪殃殃的封闭效果不佳。

②苄嘧磺隆＋乙草胺＋扑草净（苄·乙·扑）：可使用含量为 1.9%＋11.5%＋5.6% 的制剂每亩 150~200 克，播后苗前土壤处理使用，防治一年生杂草。

③乙草胺＋扑草净（扑·乙）：可使用含量为 20%＋20% 的制剂每亩 120~150 克，在春小麦播后苗前土壤处理使用，防治一年生杂草。

④异丙隆＋乙草胺（异隆·乙草胺）：可用含量为 20%＋20% 的制剂每亩 120~160 克，冬小麦田播后苗前土壤喷雾使用，防治一年生杂草。

5. 丙草胺 Pretilachlor

氯乙酰胺类内吸传导型除草剂，细胞有丝分裂抑制剂，由先正达公司 1979 年开发成功，在我国推广应用的报道最早见于 1995年，代表性商品名：扫弗特（含安全剂解草啶）、瑞飞特（不含解草啶）。

防治对象：一年生杂草，如稗草、光头稗、千金子、牛筋草、䅟草、看麦娘、日本看麦娘、窄叶泽泻、水苋菜、碎米莎草、丁香蓼、鸭舌草、异型莎草、母草、牛毛毡、萤蔺等杂草，对多年生杂草防效差。

特点：杂草通过中胚轴、下胚轴和胚芽鞘吸收药剂，干扰蛋白质合成，对杂草的光合作用和呼吸作用也有间接影响。

使用方法：小麦播后苗前土壤喷雾使用，在小麦田的单剂登记用量为有效成分量 40～50 克/亩。

复配剂：

①异丙隆＋丙草胺＋氯吡嘧磺隆（异隆·丙·氯吡）：可用含量为 29.5％＋16％＋1.5％的制剂每亩 120～150 克，冬小麦田播后苗期土壤封闭使用，防治一年生杂草。

②异丙隆＋丙草胺（丙草·异丙隆）：可用含量为 37％＋23％的制剂每亩 125～150 克，冬小麦田播后苗前土壤喷雾使用，防治一年生杂草。

6. 野麦畏 Triallate

硫代氨基甲酸酯类内吸传导型除草剂，酯质合成抑制剂，又称为燕麦畏、三氯烯丹或阿畏达。孟山都公司 1959 年首先开发，我国于 20 世纪 80 年代开始使用野麦畏防控小麦田野燕麦。

防治对象：用于防除麦田野燕麦、早熟禾、毒麦等禾本科杂草。对野燕麦防效好；对硬草、看麦娘有一定防效；对播娘蒿、荠防效欠佳；对猪殃殃、救荒野豌豆防效差。

特点：通过根、茎、叶吸收，挥发性强，其蒸气对野燕麦也有毒杀作用，施药后要及时混土。

使用方法：①播前土壤处理，春小麦播种前 5～7 天，加水 20～40 升混匀喷于地表或加细潮土 40～50 千克混匀撒施，施药后 2 小时内混土，深度 8～10 厘米。②在小麦播后苗前施药，施药后立即浅混土 1～3 厘米，以不耙出小麦种、不伤害麦芽为宜。在小麦田的单剂登记用量为有效成分量 60～92.5 克/亩。野麦畏有挥发性，需随施随混土。如间隔 4 小时后混土，除草效果显著降低；如间隔 24 小时后混土，除草效果只有 50% 左右。播种深度与药效药害关系大。如果小麦种子在药层之中直接接触药剂，则会产生药害。

7. 扑草净 Prometryn

三嗪类（甲硫基三氮苯类）内吸传导型除草剂，光系统 IIA 位点抑制剂。瑞士嘉基（Geigy）公司 1959 年首先开发，20 世纪 80 年代开始在我国登记使用。

防治对象：眼子菜、鸭舌草、牛毛毡、节节菜、稗草、千金子、马唐、画眉草、苹、野慈姑、异型莎草、藜等。对乱草防效不佳。扑草净作为早期茎叶处理剂使用，对看麦娘、日本看麦娘、大穗看麦娘、早熟禾、硬草、播娘蒿防效好，对菵草、猪殃殃、荠有抑制作用，对多花黑麦草效果差。扑草净用于土壤处理，对看麦娘、硬草、播娘蒿有较好防效。

特点：扑草净为传导型除草剂，经茎叶、幼芽及根系吸收，通过木质部和韧皮部传导至分生组织，抑制植株生长，处理后 7～14 天顶芽坏死，2～4 周植株死亡。其选择性与植物生态和生化反应的差异有关，对刚萌发的杂草防效最好，扑草净水溶性较低，施药后可被土壤黏粒吸附在 0～5 厘米表土中，形成药层，使杂草萌发出土时接触药剂，持效期 20～70 天，旱地较水田持效期长，黏土中更长。

使用方法：于麦苗 2～3 叶期，杂草刚萌芽或 1～2 叶期时使用，在小麦田的单剂登记用量为有效成分量 32～48 克/亩；或作为复配剂组分用于小麦播后苗期土壤封闭使用。有机质含量低的沙质土不宜使用。

复配剂：

①苄嘧磺隆＋乙草胺＋扑草净（苄·乙·扑）：可使用含量为1.9％＋11.5％＋5.6％的制剂每亩150～200克，播后苗前土壤处理使用，防治一年生杂草。

②乙草胺＋扑草净（扑·乙）：可使用含量分别为20％＋20％的制剂每亩120～150克，在春小麦播后苗前土壤处理使用，防治一年生杂草。

8. 砜吡草唑 Pyroxasulfone

异噁唑类 VLCFA 生物合成抑制剂，日本组合化学公司开发，2011年开始上市，在我国2019年开始登记上市。

防治对象：菵草、多花黑麦草及稗属、狗尾草属、鹅观草属、梯牧草属、高粱属、苋属杂草，以及大穗看麦娘、马唐、狼尾草、播娘蒿、荠、藜、马齿苋、救荒野豌豆、田紫草、泽漆、曼陀罗等。

特点：主要通过幼芽和幼根被植物吸收，于植物发芽后，阻断顶端分生组织和胚芽鞘的生长，安全性较好，持效期较长、杀草谱较广。

使用方法：非稻麦轮作的冬小麦田播后苗前土壤封闭处理使用，在小麦田的单剂登记用量为有效成分量10～12克/亩。水稻对砜吡草唑敏感，下茬计划轮作水稻的冬小麦田不宜使用。按推荐使用技术要求使用后，对玉米、大豆、花生、绿豆等常规轮作的后茬旱作物安全；轮作其他作物前，应先做小规模后茬作物安全性试验。土壤干旱时需灌溉或降雨增墒后用药。研究表明砜吡草唑可用于大豆玉米带状复合种植田土壤封闭。

9. 二氯异噁草酮 Bixlozone

噁唑酮类 DOXP 抑制剂，内吸传导型除草剂。富美实公司2020年开发上市，2021年开始在我国登记上市。

防治对象：阔叶草，如荠、播娘蒿、繁缕、牛繁缕、婆婆纳、阿拉伯婆婆纳、球序卷耳和通泉草。

特点：主要通过植物的根和幼苗吸收，随蒸腾作用由根部向上传导，通过木质部运输到植物各部位（不会向下或在叶片间传导），通过抑制 DOXP，破坏质体类异戊二烯的生物合成，阻碍类胡萝卜素的合成，导致易感植株无法正常进行光合作用，植株变白、变黄或失绿，从而停止生长，直至枯死。安全性较好，持效期较长，杀草谱较广。

使用方法：冬小麦播后苗前土壤封闭喷雾处理，在小麦田的单剂登记用量为有效成分量 7.2～14.4 克/亩。在小麦田使用作物叶片可能出现白化现象，在推荐剂量下使用不影响小麦后期生长和产量。有机质含量低的土壤类型田块遇到大雨或积水可能会出现小麦叶片白化、生长被抑制的情况。

三、土壤处理兼茎叶处理剂

1. 异丙隆 Isoproturon

取代脲类内吸传导型除草剂，光系统 IIA 位点抑制剂。汽巴-嘉基公司研制，德国赫斯特公司开发，1993 年开始在我国上市使用。

防治对象：一年生杂草。对菵草、看麦娘、硬草、野燕麦、早熟禾、狗尾草、播娘蒿、牛繁缕、繁缕、无心菜、麦瓶草、球序卷耳、荠、藜、马唐、小藜、碎米荠、反枝苋、田紫草防效较好；对野生或自生油菜、猪殃殃、救荒野豌豆、泽漆、稗草、马齿苋防效一般；对婆婆纳防效不佳；对问荆、蓟、苣荬菜、田旋花、宝盖草防效差。茎叶处理对牛筋草具有较好防效。

特点：异丙隆是多种小麦田禾本科杂草防控的当家药剂。见效速度较快。阳光充足、温度高、土壤湿度大时有利于药效发挥，干旱时药效差。

使用方法：既可作土壤处理剂，也可在小麦拔节期之前作茎叶处理剂，但在冬季气温波动大，寒潮多发地区的冬小麦田，不建议作为土壤处理剂使用。在小麦田的单剂登记用量为有效成分量60～90克/亩。异丙隆使用后会降低麦苗对低温冻害和高湿渍害的耐受能力，土壤封闭使用时常因频发的寒潮导致严重的冻药害，施药后一两个月内发生的寒潮天气仍然可能造成严重冻药害。使用含有异丙隆成分的除草剂进行土壤封闭时须注意冬小麦田前茬作物秸秆粉碎后深埋、播种后镇压作业到位。使用异丙隆应避开冬季第一次寒流，第一次寒流后小麦经过低温锻炼，抗冻能力增强，此时前期未用药的田可用异丙隆。另外，积水田必须排水炼苗后用药，避免小麦湿冻害。施用过磷酸钙的土地、作物生长势弱或受冻害、漏耕地段及沙性重或排水不良的土壤不宜使用。土壤湿度高有利于根吸收传导，喷药前后降雨、温度高有利于药效发挥。在长江中下游冬麦田使用时，对后茬水稻的安全间隔期不少于109天。

复配剂：

①异丙隆＋吡氟酰草胺（吡酰·异丙隆、吡氟·异丙隆）：可使用含量为50％＋10％的制剂每亩120～150毫升，或含量为50％＋5％的制剂每亩120～170毫升，或含量为55％＋5％的制剂每亩100～130毫升，或含量为48％＋8％的制剂每亩125～188毫升，或含量为35％＋4％的制剂每亩150～200毫升，用于冬小麦播后苗前土壤封闭或者早期茎叶处理，防治一年生杂草。

②吡氟酰草胺＋甲基二磺隆＋异丙隆（吡酰草·二磺·异丙隆）：可用含量为4％＋0.6％＋31.4％的制剂每亩150～200毫升，茎叶处理使用，防除一年生杂草。

③吡氟酰草胺＋异丙隆＋唑啉草酯（吡氟酰·异丙隆·唑啉草）：可用含量为11％＋60％＋4％的制剂每亩60～80毫升，用于小麦田早期茎叶处理，防除一年生杂草。

④异丙隆＋唑啉草酯（异丙隆·唑啉草酯）：可用含量为42％＋3％的制剂每亩120～140毫升，茎叶处理使用，防除一年生禾本科杂草。

⑤异丙隆＋丙草胺＋氯吡嘧磺隆（异隆·丙·氯吡）：可用含

量为 29.5％＋16％＋1.5％的制剂每亩 120～150 克，冬小麦田播
后苗期土壤封闭使用，防治一年生杂草。

⑥异丙隆＋丙草胺（丙草·异丙隆）：可用含量为 37％＋23％
的制剂每亩 125～150 克，冬小麦田播后苗前土壤喷雾使用，防治
一年生杂草。

⑦异丙隆＋乙草胺（异隆·乙草胺）：可用含量为 20％＋20％
的制剂每亩 120～160 克，冬小麦田播后苗前土壤喷雾使用，防治
一年生杂草。

⑧异丙隆＋苯磺隆（苯磺·异丙隆）：可用含量为 49.2％＋
0.8％或 48.5％＋1.5％的制剂每亩 125～150 克，或使用含量为
69％＋1％的制剂每亩 100～150 克，茎叶处理使用，防除一年生
杂草。

⑨异丙隆＋甲基二磺隆（甲基二磺隆·异丙隆）：可用含量为
19.6％＋0.4％的制剂每亩 180～240 克，或 29.7％＋0.3％的制剂
每亩 150～250 克，或使用含量为 35.6％＋0.4％的制剂每亩 100～
200 克，茎叶处理使用，防除一年生杂草。

⑩双氟磺草胺＋异丙隆＋甲基二磺隆（甲二隆·双氟草·异丙
隆）：可用含量为 0.3％＋35.3％＋0.4％的制剂每亩 100～130 毫
升，茎叶处理使用，防除一年生杂草。

⑪双氟磺草胺＋异丙隆（双氟磺草胺·异丙隆）：可用含量为
0.2％＋49.8％的制剂每亩 80～120 毫升，茎叶处理使用，防除一
年生杂草。

⑫精噁唑禾草灵＋异丙隆（噁禾·异丙隆）：可用含量为 2％＋
48％的制剂每亩 60～80 毫升，茎叶处理使用，防除一年生禾本科
杂草和少数阔叶草。

⑬氟唑磺隆＋异丙隆（氟唑磺隆·异丙隆）：可用含量为
1.5％＋28.5％的制剂每亩 140～180 克，或 2.5％＋72.5％的制剂
每亩 80～90 克，或 1.5％＋33.5％的制剂每亩 100～140 克，或
2％＋40％的制剂每亩 100～120 克，茎叶处理使用，防除一年生禾
本科杂草和少数阔叶草。

⑭氟唑磺隆＋异丙隆＋炔草酯（异丙・炔・氟唑）：可用含量为 2.5％＋60.5％＋5％的制剂每亩 70～90 克，茎叶处理使用，防除一年生禾本科杂草和少数阔叶草。

⑮异丙隆＋炔草酯（异丙隆・炔草酯）：可用含量为 30％＋3％的制剂每亩 150～200 克，或 55.5％＋4.5％的制剂每亩 80～120 克，或使用含量为 60％＋5％的制剂每亩 80～100 克，或使用含量为 46％＋4％的制剂每亩 80～100 克，茎叶处理使用，防除一年生禾本科杂草和少数阔叶草。

⑯噻吩磺隆＋异丙隆（噻磺・异丙隆）：可用含量为 1.5％＋70.5％的制剂每亩 100～120 毫升，茎叶处理使用，防除一年生禾本科杂草和部分阔叶草。对猪殃殃效果欠佳。

⑰苄嘧磺隆＋异丙隆（苄嘧・异丙隆）：可用含量为 3％＋47％的制剂每亩 100～150 毫升，或使用含量为 2％＋68％的制剂每亩 100～120 毫升，茎叶处理使用，防除一年生杂草。

⑱环吡氟草酮＋异丙隆（环吡・异丙隆）：可用含量为 3％＋22％的制剂每亩 160～250 毫升，茎叶处理使用，防除一年生禾本科杂草及部分阔叶草。

⑲啶磺草胺＋异丙隆（啶磺草胺・异丙隆）：可用含量为 1％＋79％的制剂每亩 70～90 毫升，茎叶处理使用，防除一年生禾本科杂草及部分阔叶草。

⑳异丙隆＋绿麦隆（绿麦・异丙隆）：可使用含量为 25％＋25％的制剂每亩 123～150 克，土壤处理使用，防治一年生禾本科杂草和部分阔叶草。

2. 绿麦隆 Chlortoluron

取代脲类除草剂，光系统 ⅡA 位点抑制剂，植物光合作用电子传递抑制剂，内吸传导型兼具叶面触杀作用。1969 年由瑞士汽巴公司首先开发，在 20 世纪 70 年代已在我国用于麦田除草。

防治对象：对看麦娘、日本看麦娘、野燕麦、硬草、狗尾草、藜、反枝苋、碎米荠等防效高；对牛繁缕、早熟禾、马唐、苘麻、

龙葵、苍耳、棒头草、救荒野豌豆、铁苋菜、蔄草防效一般；对稻
槎菜、婆婆纳、萹蓄防效不佳；对猪殃殃、牵牛、田旋花、问荆、
锦葵等防效差。

特点： 药效受气温、土壤湿度、光照等因素影响较大。难溶于
水，在常温下稳定。作用比较缓慢，持效期 70 天以上。国内登记
在小麦、大麦、玉米上使用，资料报道还可在棉花、谷子、花生、
大豆上使用。

使用方法： 在播种后出苗前作为土壤封闭剂使用，或于 2.5 叶
期之前作茎叶处理剂使用，也可作为复配剂组分在小麦返青后拔节
期前使用。单剂登记用量为南方地区有效成分量 40～100 克/亩，
北方地区有效成分量 100～200 克/亩。稻麦连作区慎用，要严格掌
握用药量及喷雾质量，若用量过大或重喷，易造成麦苗及翌年水稻
秧苗药害。使用绿麦隆应根据当地不同的地域和土壤状况掌握不同
的施药剂量，不宜用量过大，因为绿麦隆在土壤中残留时间长，后
茬水稻对该药敏感。严禁在水稻田使用绿麦隆。绿麦隆的药效与气
温及土壤湿度关系密切，干旱及气温在 10℃ 以下时不利于药效发
挥，施药时应保持土壤湿润。油菜、蚕豆、豌豆、红花、苜蓿等作
物对该药敏感，应避免药剂飘移到上述作物上。

复配剂：

①异丙隆＋绿麦隆（绿麦・异丙隆）：可使用含量为 25％＋
25％的制剂每亩 123～150 克，土壤处理使用，防治一年生禾本科
杂草和部分阔叶草。

②2 甲 4 氯＋绿麦隆（2 甲・绿麦隆）：可使用含量为 30.5％＋
4.5％的制剂每亩 130～180 克，小麦 3 叶期后至拔节期前茎叶处理
使用，防除一年生杂草。勿在小麦 3 叶期以前或拔节后施药，否则
会造成药害。稻茬小麦慎用。

3. 吡氟酰草胺 Diflufenican

吡啶酰胺类 PDS 抑制剂，阻断类胡萝卜素生物合成使得叶片
白化，最终导致植物死亡。1982 年由拜耳公司申请专利，2002 年

开始在我国小麦田登记使用。

防治对象： 对猪殃殃的土壤封闭和早期茎叶处理均有效，用于小麦田早期茎叶杀草时，猪殃殃死亡速度慢，对牛繁缕封闭效果好。对反枝苋、刺苋、繁缕、荠、球序卷耳、地肤、宝盖草、酸模叶蓼、马齿苋、龙葵、播娘蒿、鬼蜡烛、棒头草、婆婆纳等的防效一般。对苘麻、豚草、灰绿藜、田紫草、卷茎蓼、大穗看麦娘等草的防效欠佳。对野燕麦、雀麦、苍耳、节节麦、硬草、多花黑麦草等防效差。对日本看麦娘和菵草有一定的防效。

特点： 吸收药剂的杂草植株中类胡萝卜素含量下降，导致叶绿素被破坏，细胞膜破裂，杂草表现为幼芽脱色或白色，最后整株萎蔫死亡。对阔叶草的封闭效果较好。

使用方法： 小麦播后苗前封闭处理、苗后 2.5 叶期至分蘖末期茎叶处理，在小麦田的单剂登记用量为有效成分量 6～17.5 克/亩。资料报道该药可以在小麦、水稻、胡萝卜、向日葵等作物上使用。单用效果不佳，主要与其他除草剂复配使用。杂草的死亡速度与光强度有关，强光下死得快。药效稳定，受天气影响小，芽前和芽后早期使用效果好。冬小麦田芽前使用如遇到持续降雨，尤其是芽期降雨，可导致叶片暂时褪色，但一般可以恢复。随着杂草叶龄增大，防效降低。

复配剂：

①氟噻草胺＋吡氟酰草胺＋呋草酮（氟噻·吡酰·呋）：可用含量为 11％＋11％＋11％ 的制剂每亩 60～80 毫升，土壤封闭使用，防治一年生杂草。最佳施药期在小麦播种后杂草立针期，适期播种冬小麦播后 5～7 天。对撒播和飞播等露籽小麦不安全，须等小麦幼苗"根入土苗见绿"后方可施用。杂草在生长过程中吸收药剂，中毒后逐渐枯死，见效慢；禾草 1.5 叶期后使用防效大幅下降。

②吡氟酰草胺＋氟噻草胺（吡氟酰草胺·氟噻草胺）：可用含量为 15％＋15％ 的制剂每亩 60～70 克，或 10％＋10％ 的制剂每亩 100～120 克，或 11.7％＋23.3％ 的制剂每亩 65～95 克，土壤封闭

使用，防治一年生杂草；对猪殃殃的土壤封闭效果欠佳。最佳施药期在小麦播种后杂草立针期，适期播种冬小麦播后5～7天。对撒播和飞播等露籽小麦不安全，须等小麦幼苗"根入土苗见绿"后方可施用。杂草在生长过程中吸收药剂，中毒后逐渐枯死，见效慢，禾草1.5叶期后使用防效大幅下降。

③异丙隆＋吡氟酰草胺（吡酰·异丙隆、吡氟·异丙隆）：可使用含量为50％＋10％的制剂每亩120～150毫升，或含量为50％＋5％的制剂每亩120～170毫升，或含量为55％＋5％的制剂每亩100～130毫升，或含量为48％＋8％的制剂每亩125～188毫升，或含量为35％＋4％的制剂每亩150～200毫升，用于冬小麦播后苗前土壤封闭或者早期茎叶处理，防除一年生杂草。

④吡氟酰草胺＋甲基二磺隆（吡酰草·二磺）：可用含量为8.3％＋0.7％的制剂每亩80～100毫升，茎叶处理使用，防除一年生杂草。

⑤吡氟酰草胺＋甲基二磺隆＋异丙隆（吡酰草·二磺·异丙隆）：可用含量为4％＋0.6％＋31.4％的制剂每亩150～200毫升，茎叶处理使用，防除一年生杂草。

⑥吡氟酰草胺＋双氟磺草胺（吡酰草·双氟草）：可用含量为15％＋1％的制剂每亩30～40毫升，茎叶处理使用，防除一年生阔叶草。

⑦吡氟酰草胺＋异丙隆＋唑啉草酯（吡氟酰·异丙隆·唑啉草）：可用含量为11％＋60％＋4％的制剂每亩60～80毫升，用于小麦田早期茎叶处理，防除一年生杂草。

⑧50％吡氟酰草胺＋20％双氟·氟氯酯（10％双氟磺草胺＋10％氟氯吡啶酯）：每亩制剂量15毫升＋5克，在冬小麦田杂草1～3叶期茎叶处理，防除一年生阔叶草。

4. 氯吡嘧磺隆 Halosulfuron-methyl

磺酰脲类ALS抑制剂，为内吸传导型除草剂。日产化学工业株式会社与孟山都公司联合发现并开发，能有效防除禾本科作物田的阔叶草和莎草科杂草，于 1994 年在美国登记生产，2011 年开始在我国上市使用。

防治对象：一年生阔叶草和莎草。

特点：高效，低毒，对禾本科作物安全。在小麦田可以茎叶处理使用，也可以土壤处理使用。

使用方法：小麦田防治阔叶草，杂草 2～5 叶期茎叶处理使用，或在小麦播后苗前土壤处理使用。在小麦田的单剂登记用量为有效成分量 3.75～4.5 克/亩。氯吡嘧磺隆在沙土田使用时可适当降低用量。

复配剂：

①异丙隆＋丙草胺＋氯吡嘧磺隆（异隆·丙·氯吡）：可用含量为 29.5％＋16％＋1.5％的制剂每亩 120～150 克，冬小麦田播后苗期土壤封闭使用，防治一年生杂草。

②氯吡嘧磺隆＋氟唑磺隆（氯吡·氟唑磺）：可用含量为 40％＋20％的制剂每亩 8～10 克，茎叶处理使用，防除一年生阔叶草和少数禾本科杂草。

③氯吡嘧磺隆＋双氟磺草胺（双氟·氯吡嘧）：可用含量为 56.3％＋18.7％的制剂每亩 4～5.3 克，茎叶处理使用，防除一年生阔叶草。

5. 氟唑磺隆 Flucarbazone-Na

磺酰脲类 ALS 抑制剂，内吸传导型麦田苗后阔叶草除草剂，又称氟酮磺隆。代表性商品名：彪虎。爱利思达公司开发上市，2004 年开始在中国登记上市。

防治对象：部分一年生杂草。对雀麦有特效，对野燕麦有效。对节节麦、菵草、日本看麦娘、鬼蜡烛、硬草、早熟禾、大穗看麦娘等防效不佳或无效，对稻槎菜、野老鹳草、猪殃殃、香薷、密花香薷、藜、苦苣菜等阔叶草有抑制作用。

特点：可被杂草的根和茎叶吸收，兼具茎叶处理活性和土壤封闭活性，在小麦体内可很快代谢，对小麦具有极好的安全性。

使用方法：最佳施药时间为春小麦 2～3 叶期，杂草 1～3 叶期
或冬小麦 3 叶期至返青期，杂草 2～4 叶期。在小麦田的单剂登记
用量为有效成分量 1.4～3 克/亩。在冬小麦种植区主要用于旱茬小
麦田防控雀麦。干旱、低温、冰冻、洪涝和土壤肥力不足等不良条
件下不宜使用，施药时气温应高于 8℃。不可在大麦田、燕麦田、
十字花科和豆科作物田使用，若下茬种植燕麦、芥菜、扁豆，可能
有残留药害；勿在套种或间作大麦、燕麦、十字花科作物、豆科作
物及其他作物的小麦田使用；使用 9 个月后，可以轮作萝卜、大
麦、红花、油菜、大豆、菜豆、向日葵、亚麻和马铃薯，11 个月
后可种植豌豆，24 个月后可种植小扁豆。

复配剂：

①氯吡嘧磺隆＋氟唑磺隆（氯吡·氟唑磺）：可用含量为 40%＋
20% 的制剂每亩 8～10 克，茎叶处理使用，防除一年生阔叶草和少
数禾本科杂草。

②氟唑磺隆＋异丙隆（氟唑磺隆·异丙隆）：可用含量为
1.5%＋28.5% 的制剂每亩 140～180 克，或含量为 2.5%＋72.5%
的制剂每亩 80～90 克，或含量为 1.5%＋33.5% 的制剂每亩 100～
140 克，或含量为 2%＋40% 的制剂每亩 100～120 克，茎叶处理使
用，防除一年生禾本科杂草和少数阔叶草。

③氟唑磺隆＋异丙隆＋炔草酯（异丙·炔·氟唑）：可用含量
为 2.5%＋60.5%＋5% 的制剂每亩 70～90 克，茎叶处理使用，防
除一年生禾本科杂草和少数阔叶草。

④双氟磺草胺＋氟唑磺隆（双氟·氟唑磺）：可使用含量为
15%＋35% 的制剂每亩 4～6 克，茎叶处理施药，防除一年生阔叶
草和少数禾本科杂草。

⑤氟唑磺隆＋苯磺隆（氟唑·苯磺隆）：可使用含量为 50%＋
25% 的制剂每亩 3.5～5 克，茎叶处理施药，防除一年生阔叶草和
少数禾本科杂草。

⑥氟唑磺隆＋炔草酯（氟唑·炔草酯）：可使用含量为 5%＋
10% 的制剂每亩 35～50 克，或含量为 6%＋10% 的制剂每亩 30～

40 克，或含量为 6.5%＋6.5% 的制剂每亩 30～40 克，或含量为 6%＋12% 的制剂每亩 30～33 克，茎叶处理施药，防除一年生禾本科杂草。

⑦甲基二磺隆＋氟唑磺隆＋炔草酯（二磺·氟唑磺·炔草酯）：可使用含量为 1%＋3.2%＋9.8% 的制剂每亩 50～60 克，茎叶处理施药，防除一年生杂草。

⑧甲基二磺隆＋氟唑磺隆（氟唑磺隆·甲基二磺隆）：可使用含量为 0.6%＋2.4% 的制剂每亩 80～100 克，或含量为 2%＋4% 的制剂每亩 25～35 克，或含量为 1%＋4% 的制剂每亩 50～70 克，茎叶处理施药，防除一年生杂草。

⑨甲基二磺隆＋氟唑磺隆＋唑啉草酯（二磺·氟唑·唑啉草酯）：可使用含量为 1%＋3%＋6% 的制剂每亩 40～60 克，茎叶处理施药，防除一年生杂草。

6. 噻吩磺隆 Thifensulfuron-methyl

磺酰脲类 ALS 抑制剂，内吸传导型除草剂，别名：噻磺隆。1985 年由杜邦公司研发成功并市场化，1992 年开始在我国登记。

防治对象：一年生阔叶草。对播娘蒿、荠、碎米荠等十字花科杂草及牛繁缕、繁缕、反枝苋、鳢肠防效高；对苘麻、宝盖草、麦瓶草、稻槎菜、救荒野豌豆、毛茛、球序卷耳、一年蓬、龙葵、苍耳等的防效一般；对猪殃殃、田紫草、铁苋菜、无心菜、泥胡菜等的防效不佳；对婆婆纳、泽漆、通泉草、刺儿菜、田旋花的防效差。资料报道对猪毛菜、酸模、藜、鬼针草、鼬瓣花、麦蓝菜、野西瓜苗、羊蹄及 3 叶期之前的鸭跖草等有效。

特点：安全，杀草谱广，施药期长，杂草对该药的反应较慢，低温时用药，药后 4 周以上杂草才能全部死亡。加表面活性剂可提高噻吩磺隆对阔叶草的活性。持效期短，仅为 30 天。

使用方法：小麦播后苗前土壤处理使用或者小麦 3 叶期至拔节期茎叶处理使用。在小麦田的单剂登记用量为有效成分量 1.5～2.5 克/亩。与后茬作物安全间隔期为 60 天。当作物处于不良环境

（如干旱、严寒、土壤水分过饱和及病虫害较重）时不宜施药。
10℃以下药效差，杂草枯死速度慢。

复配剂：

①噻吩磺隆＋乙草胺（噻吩·乙草胺、噻磺·乙草胺）：可使
用含量为2％＋48％的制剂每亩60～80毫升，或使用含量为1％＋
19％的制剂每亩80～100毫升，播后苗前土壤处理使用，防除一年
生杂草。对猪殃殃的封闭效果不佳。

②噻吩磺隆＋异丙隆（噻磺·异丙隆）：可用含量为1.5％＋
70.5％的制剂每亩100～120毫升，茎叶处理使用，防除一年生禾
本科杂草和部分阔叶草。对猪殃殃效果欠佳。

③苄嘧磺隆＋噻吩磺隆（苄·噻磺）：可用含量为5％＋10％
的制剂每亩16～20克，茎叶处理使用，防除一年生阔叶草。

④噻吩磺隆＋苯磺隆（噻吩·苯磺隆）：可用含量为3％＋7％
的制剂每亩10～15克，茎叶处理使用，防除一年生阔叶草。

⑤精噁唑禾草灵＋噻吩磺隆＋苯磺隆（噻·噁·苯磺隆）：可
用含量为45％＋2％＋8％的制剂每亩10～12克，茎叶处理使用，
防除一年生杂草。

⑥噻吩磺隆＋唑草酮（噻吩·唑草酮）：可用含量为15％＋
7％的制剂每亩10～15克，或14％＋22％的制剂每亩2.8～3.8
克，茎叶处理使用，防除一年生阔叶草。

7. 唑嘧磺草胺 Flumetsulam

三唑并嘧啶磺酰胺类 ALS 抑制剂，内吸传导型除草剂，是第
一个商品化的三唑并嘧啶磺酰胺类除草剂，陶氏益农公司 1994 年
开始登记上市，2002 年开始在我国上市。

防治对象：阔叶草，包括藜、反枝苋、凹头苋、苘麻、酸模叶
蓼、卷茎蓼、苍耳、柳叶刺蓼、野西瓜苗、香薷、薄荷、水棘针、
繁缕、猪殃殃、救荒野豌豆、毛茛、问荆、地肤以及荠、风花菜等
多种十字花科杂草。对繁缕、藜、青葙、野西瓜苗、苍耳、香薷、
碎米荠、播娘蒿防效好；对猪殃殃、苘麻、麦瓶草、荠、宝盖草有

效；对龙葵、泥胡菜、婆婆纳、泽漆、田紫草防效欠佳；对铁苋菜、刺儿菜、苣荬菜、野老鹳草防效差。对幼龄期禾本科杂草有抑制效果。

特点：兼具土壤封闭和茎叶处理活性，由杂草的根系和叶片吸收，见效较慢。杂草吸收唑嘧磺草胺后的典型症状是叶脉和叶尖褪色，由心叶开始黄白化或紫化，节间变短，顶芽死亡，最终全株死亡。具有土壤封闭活性，在大豆、玉米田作为土壤处理剂使用。

使用方法：小麦播种后阔叶草3～6叶期茎叶处理施用。在小麦田的单剂登记用量为有效成分量0.12～0.2克/亩。正常推荐剂量下后茬可以安全种植玉米、小麦、大麦、水稻、高粱。后茬如果种植棉花、甜菜、向日葵、马铃薯、亚麻及十字花科蔬菜等敏感作物需隔年，如果种植其他后茬作物，需咨询当地植保部门或生物测定安全通过后方可种植。

复配剂：

唑嘧磺草胺＋双氟磺草胺（双氟·唑嘧胺）：可使用含量为3.3％＋2.5％的制剂每亩10～15毫升，或含量为10％＋7.5％的制剂每亩3～6毫升，或含量为12％＋8％的制剂每亩3～4毫升，或含量为3.5％＋2.5％的制剂每亩11.5～14毫升，茎叶处理施药，防除一年生阔叶草。

四、茎叶处理剂

1. 苯磺隆 Tribenuron-methyl

磺酰脲类ALS抑制剂，内吸传导型除草剂，杜邦公司1984年开发成功，1995年开始在我国登记上市。

防治对象：一年生阔叶草。对播娘蒿、荠、碎米荠、田紫草、藜、反枝苋等效果较好；对地肤、繁缕、猪殃殃等也有一定的防除效果；对丝路蓟、卷茎蓼、田旋花、泽漆等效果不佳。因小麦田杂草对该药容易产生抗药性，所以该药对杂草的防效在种群间可能存在较大差异。

特点： 成本低，效果好，但对未出土杂草无效。

使用方法： 小麦 2 叶期至拔节前茎叶处理使用，在小麦田的单剂登记用量为有效成分量 0.9～1.5 克/亩。花生、辣椒安全间隔期为 120 天。杂草对其反应较慢，药后 4 周才全部死亡。如与有机磷类杀虫剂或者氨基甲酸酯类杀虫剂混用或者施用间隔期太短可能发生药害。

复配剂：

①异丙隆＋苯磺隆（苯磺·异丙隆）：可用含量为 49.2％＋0.8％或 48.5％＋1.5％的制剂每亩 125～150 克，或使用含量为 69％＋1％的制剂每亩 100～150 克，茎叶处理使用，防除一年生杂草。

②苄嘧磺隆＋苯磺隆（苄嘧·苯磺隆）：可用含量为 20％＋10％的制剂每亩 10～15 克，或使用含量为 25％＋10％的制剂每亩 10～14 克，或使用含量为 25％＋13％的制剂每亩 7.5～10 克，茎叶处理使用，防除一年生阔叶草。

③双氟磺草胺＋苯磺隆（双氟·苯磺隆）：可使用含量为 18.7％＋56.3％的制剂每亩 3～4 克，茎叶处理施药，防除一年生阔叶草。

④氟唑磺隆＋苯磺隆（氟唑·苯磺隆）：可使用含量为 50％＋25％的制剂每亩 3.5～5 克，茎叶处理施药，防除一年生阔叶草和少数禾本科杂草。

⑤噻吩磺隆＋苯磺隆（噻吩·苯磺隆）：可用含量分别为 3％＋7％的制剂每亩 10～15 克，茎叶处理使用，防除一年生阔叶草。

⑥精噁唑禾草灵＋噻吩磺隆＋苯磺隆（噻·噁·苯磺隆）：可用含量为 45％＋2％＋8％的制剂每亩 10～12 克，茎叶处理使用，防除一年生杂草。

⑦唑草酮＋氯氟吡氧乙酸异辛酯＋苯磺隆（苯·唑·氯氟吡）：可用含量为 1.5％＋24.5％＋3.5％的制剂每亩 22～35 克，茎叶处理使用，防除一年生阔叶草。

⑧氯氟吡氧乙酸＋苯磺隆（氯吡·苯磺隆）：可用含量为

17.3％＋2.7％的制剂每亩 30～40 克，或 16.5％＋2.5％的制剂每亩 30～40 克，或 14％＋4％的制剂每亩 30～50 克，茎叶处理使用，防除一年生阔叶草。

⑨唑草酮＋苯磺隆（唑草酮·苯磺隆）：可用含量为 22％＋14％的制剂每亩 4～5 克，或 10％＋14％的制剂每亩 8～12 克，或 16％＋20％的制剂每亩 6～8 克，或 14％＋22％的制剂每亩 5～8 克，或 10％＋16％的制剂每亩 6～10 克，或 22％＋18％的制剂每亩 3～5 克，或 12％＋16％的制剂每亩 5～6 克，茎叶处理使用，防除一年生阔叶草。

⑩唑草酮＋2 甲 4 氯钠＋苯磺隆（苯·唑·2 甲钠）：可用含量为 2.4％＋50％＋2.6％的制剂每亩 40～50 克，茎叶处理使用，防除一年生阔叶草。

⑪炔草酯＋苯磺隆（苯磺·炔草酯）：可用含量为 10％＋4％的制剂每亩 40～50 克，或 20％＋10％的制剂每亩 15～20 克，或 10％＋5％的制剂每亩 30～40 克，茎叶处理使用，防除一年生杂草。

⑫乙羧氟草醚＋苯磺隆（乙羧·苯磺隆）：可用含量为 15％＋5％的制剂每亩 15～20 克，或 10％＋10％的制剂每亩 12.5～15 克，茎叶处理使用，防除一年生阔叶草。

⑬2 甲 4 氯钠＋苯磺隆（2 甲·苯磺隆）：可用含量为 50％＋0.8％的制剂每亩 50～75 克，茎叶处理使用，防除一年生阔叶草。

2. 苄嘧磺隆 Bensulfuron-methyl

磺酰脲类 ALS 抑制剂，为内吸传导型除草剂，又称为苄磺隆、亚磺隆。1984 年由美国杜邦公司开发，1986 年开始在中国上市。

防治对象：一年生阔叶草，如猪殃殃、繁缕、播娘蒿、藜、蓼等。

特点：该药有效成分在水中扩散迅速，温度、土质对除草效果影响小，在土壤中移动性小，在酸性土壤中分解较快，对后茬作物的残留药害风险低。

使用方法：小麦田阔叶草 2～4 叶期茎叶处理施药，在小麦田的单剂登记用量为有效成分量 3～4.98 克/亩。阔叶类作物对苄嘧磺隆敏感，施药时应避免飘移药害。大风天或预计 6 小时内降雨时，勿施药。

复配剂：

①苄嘧磺隆＋异丙隆（苄嘧·异丙隆）：可用含量为 3%＋47% 的制剂每亩 100～150 毫升，或使用含量为 2%＋68% 的制剂每亩 100～120 毫升，茎叶处理使用，防除一年生杂草。

②苄嘧磺隆＋乙草胺＋扑草净（苄·乙·扑）：可使用含量为 1.9%＋11.5%＋5.6% 的制剂每亩 150～200 克，播后苗前土壤处理使用，防除一年生杂草。

③苄嘧磺隆＋苯磺隆（苄嘧·苯磺隆）：可用含量为 20%＋10% 的制剂每亩 10～15 克，或使用含量为 25%＋10% 的制剂每亩 10～14 克，或使用含量为 25%＋13% 的制剂每亩 7.5～10 克，茎叶处理使用，防除一年生阔叶草。

④炔草酯＋苄嘧磺隆＋唑草酮（炔·苄·唑草酮）：可使用含量为 20%＋12%＋5% 的制剂每亩 20～30 克，茎叶处理使用，防除一年生杂草。

⑤炔草酯＋苄嘧磺隆＋乙羧氟草醚（苄·羧·炔草酯）：可使用含量为 15%＋10%＋5% 的制剂每亩 30～40 克，茎叶处理使用，防除一年生杂草。

⑥苄嘧磺隆＋氯氟吡氧乙酸异辛酯（苄嘧·氯氟吡）：可用含量为 11%＋37% 的制剂每亩 30～40 克，茎叶处理使用，防除一年生阔叶草。

⑦苄嘧磺隆＋噻吩磺隆（苄·噻磺）：可用含量为 5%＋10% 的制剂每亩 16～20 克，茎叶处理使用，防除一年生阔叶草。

⑧苄嘧磺隆＋2 甲 4 氯钠（2 甲·苄）：可用含量为 3%＋15% 的制剂每亩 80～100 克，或 4%＋34% 的制剂每亩 40～60 克，茎叶处理使用，防除一年生阔叶草。

3. 甲基二磺隆 Mesosulfuron-methyl

磺酰脲类 ALS 抑制剂，内吸传导型除草剂，代表性商品名是世玛，赫斯特公司 1996 年发现，拜耳公司开发，2002 年上市，2004 年开始在中国登记上市。

防治对象：一年生杂草。可用于防除看麦娘、野燕麦、棒头草、早熟禾、硬草、多花黑麦草、毒麦、菵草、冰草、荠、播娘蒿、牛繁缕等。对鬼蜡烛、碱茅等防效较好；对雀麦、节节麦防效欠佳；对婆婆纳、猪殃殃、宝盖草防效差。因小麦田杂草对该药容易产生抗药性，所以该药对杂草的防效在种群间可能存在较大差异。

特点：适用于在软质型和半硬质型冬小麦品种中使用。该药在土壤中的残留时间短，不影响下茬作物生长。施药后 2～4 周杂草死亡。施用 8 小时后降雨一般不影响药效。

使用方法：茎叶处理使用，旱茬小麦田常用于冬季茎叶处理防控节节麦。在稻茬冬小麦种植区，甲基二磺隆于冬季使用具有较高的渍药害、冻药害风险，故主要于小麦返青后至拔节期前使用。在小麦田的单剂登记用量为有效成分量 0.6～1.05 克/亩。甲基二磺隆对施药技术要求较高，茎叶处理均匀喷雾施用。某些春小麦和角质（强筋或硬质）型小麦品种（如扬麦 158、豫麦 18、济麦 20 等）对甲基二磺隆敏感，使用前须先进行小范围安全性试验。施用后有蹲苗作用，某些小麦品种可能出现黄化或矮化现象，小麦返青起身后黄化自然消失，可抑制小麦徒长倒伏。冬季低温霜冻期、小麦起身拔节期、大雨前、低洼积水或遭受涝害、冻害、盐碱害、病害等胁迫的小麦田不宜施用。

复配剂：

①吡氟酰草胺＋甲基二磺隆（吡酰草·二磺）：可用含量为 8.3%＋0.7%的制剂每亩 80～100 毫升，茎叶处理使用，防除一年生杂草。

②吡氟酰草胺＋甲基二磺隆＋异丙隆（吡酰草·二磺·异丙

隆）：可用含量为 4％＋0.6％＋31.4％的制剂每亩 150～200 毫升，
茎叶处理使用，防除一年生杂草。

③异丙隆＋甲基二磺隆（甲基二磺隆·异丙隆）：可用含量为
19.6％＋0.4％的制剂每亩 180～240 克，或 29.7％＋0.3％的制剂
每亩 150～250 克，或使用含量为 35.6％＋0.4％的制剂每亩 100～
200 克，茎叶处理使用，防除一年生杂草。

④双氟磺草胺＋异丙隆＋甲基二磺隆（甲二隆·双氟草·异丙
隆）：可用含量为 0.3％＋35.3％＋0.4％的制剂每亩 100～130 毫
升，茎叶处理使用，防除一年生杂草。

⑤双氟磺草胺＋甲基二磺隆＋氯氟吡氧乙酸异辛酯（二磺·氯
吡酯·双氟草）：可使用含量为 1.5％＋2.5％＋22％的制剂每亩
15～20 毫升，茎叶处理施药，防除一年生杂草。

⑥双氟磺草胺＋甲基二磺隆＋2 甲 4 氯异辛酯（2 甲·二磺·
双氟）：可使用含量为 1％＋1.5％＋45.5％的制剂每亩 40～50 毫
升，或 0.6％＋0.9％＋23.5％的制剂每亩 40～60 毫升，或 1.2％＋
1.8％＋47％的制剂每亩 30～40 毫升，茎叶处理施药，防除一年生
杂草。

⑦双氟磺草胺＋甲基二磺隆（双氟·二磺）：可使用含量为
2％＋4％的制剂每亩 14～16 克，或 1％＋3％的制剂每亩 20～30
克，或 0.25％＋0.75％的制剂每亩 80～120 克，或 0.5％＋1.5％
的制剂每亩 50～60 克，茎叶处理施药，防除一年生杂草。

⑧双氟磺草胺＋甲基二磺隆＋炔草酯（二磺·双氟·炔）：可
使用含量为 0.4％＋0.6％＋7％的制剂每亩 50～70 毫升，茎叶处
理施药，防除一年生杂草。

⑨甲基二磺隆＋氟唑磺隆＋炔草酯（二磺·氟唑磺·炔草酯）：
可使用含量为 1％＋3.2％＋9.8％的制剂每亩 50～60 克，茎叶处
理施药，防除一年生杂草。

⑩甲基二磺隆＋氟唑磺隆（氟唑磺隆·甲基二磺隆）：可使用
含量为 0.6％＋2.4％的制剂每亩 80～100 克，或 2％＋4％的制剂
每亩 25～35 克，或 1％＋4％的制剂每亩 50～70 克，茎叶处理施

药，防除一年生杂草。

⑪甲基二磺隆＋炔草酯（二磺·炔草酯）：可使用含量为 2％＋20％的制剂每亩 15～25 克，或 1％＋8％的制剂每亩 40～50 克，或 3％＋20％的制剂每亩 10～15 克，或 1.5％＋10％的制剂每亩21～31 克，茎叶处理施药，防除一年生杂草。

⑫甲基二磺隆＋唑草酮＋炔草酯（二磺·炔草酯·唑草酮）：可使用含量为 1.5％＋2.5％＋8％的制剂每亩 20～30 克，茎叶处理施药，防除一年生杂草。

⑬甲基二磺隆＋氟唑磺隆＋唑啉草酯（二磺·氟唑·唑啉草酯）：可使用含量为 1％＋3％＋6％的制剂每亩 40～60 克，茎叶处理施药，防除一年生杂草。

⑭甲基二磺隆＋甲基碘磺隆钠盐（二磺·甲碘隆）：可使用含量为 3％＋0.6％的制剂每亩 15～25 克，或 1％＋0.2％的制剂每亩45～75 克，茎叶处理使用，防除一年生杂草。

⑮甲基二磺隆＋唑啉草酯（甲基二磺隆·唑啉草酯、唑啉草酯·甲基二磺隆）：可使用含量为 1％＋5％的制剂每亩 60～100克，或 1％＋7％的制剂每亩 35～55 克，茎叶处理施药，防除一年生杂草。

⑯甲基二磺隆＋2,4-滴异辛酯（二磺·滴辛酯）：可使用含量为 2％＋50％的制剂每亩 30～50 克，或 1％＋7％的制剂每亩 35～55 克，茎叶处理施药，防除一年生杂草。

4. 甲基碘磺隆钠盐 Iodosulfuron-methyl-sodium

磺酰脲类 ALS 抑制剂，内吸传导型除草剂。最初由德国艾格福公司研发，拜耳公司开发上市，2005 年开始在中国登记上市。

防治对象：一年生阔叶草，如猪殃殃、野老鹳草、泥胡菜、救荒野豌豆、稻槎菜、繁缕、荠、齿果酸模、碎米荠、蛇床、鼠麴草、羊蹄、扬子毛茛等。

特点：可用于狗牙根和结缕草草坪防治阔叶草。

使用方法：小麦 2.5 叶期至拔节前，杂草 2～5 叶期茎叶处理使用。在小麦田的单剂登记用量为有效成分量 0.75～1 克/亩。不宜与长持效除草剂混用，不要和有机磷、氨基甲酸酯类杀虫剂混用或使用本剂前后 7 天内不要使用有机磷、氨基甲酸酯类杀虫剂，以免发生药害。防除小麦田野老鹳草，在麦苗 1～3 个分蘖，野老鹳草大苗 6～8 叶期，小苗 2～4 叶期时施药。

复配剂：

①酰嘧磺隆＋甲基碘磺隆钠盐（酰嘧·甲碘隆）：可使用含量为 5％＋1.25％的制剂每亩 10～20 克，茎叶处理使用，防除一年生阔叶草。

②甲基二磺隆＋甲基碘磺隆钠盐（二磺·甲碘隆）：可使用含量为 3％＋0.6％的制剂每亩 15～25 克，或 1％＋0.2％的制剂每亩 45～75 克，茎叶处理使用，防除一年生杂草。

5. 酰嘧磺隆 Amidosulfuron

磺酰脲类 ALS 抑制剂，内吸传导型药剂，由法国安万特公司（后被拜耳公司收购）1992 年前后开发，2005 年开始在我国登记上市。

防治对象：一年生阔叶草，如猪殃殃、播娘蒿、荠、独行菜、藜、酸模叶蓼、萹蓄、田旋花、苣荬菜、苋、野萝卜、柳叶刺蓼、皱叶酸模等。对猪殃殃有特效。

特点：杂草叶片吸收药剂后即停止生长，叶片褪绿，而后枯死。施用后 2～4 周靶标杂草枯死。干旱、低温时杂草枯死速度减慢，但不影响最终药效。药效稳定，施药后的除草效果受天气影响小。有资料报道酰嘧磺隆适用于禾谷类作物田，如春小麦、冬小麦、硬质小麦、大麦、裸麦、燕麦等作物田，以及草坪和牧场。在土壤中易被土壤微生物分解，不易在土壤中残留积累。

使用方法：冬小麦 2～6 叶期，阔叶草基本出齐苗时，茎叶处理使用。在小麦田的单剂登记用量为有效成分量 1.5～2 克/亩。该药在土壤中残留时间短，一般不影响下茬作物生长。该药施用时应尽量早用，杂草叶龄较大或天气干旱又无水浇条件时适当增加用药量。冬季低温霜冻期、小麦起身拔节后、大雨前、低洼积水或遭受涝害、冻害、盐碱害、病害等胁迫的小麦田不宜施用，施用前后2天内不可大水漫灌麦田。

复配剂：

①酰嘧磺隆＋甲基碘磺隆钠盐（酰嘧·甲碘隆）：可使用含量为5％＋1.25％的制剂每亩12～15克，茎叶处理使用，防除一年生阔叶草。

②酰嘧磺隆＋2甲4氯（2甲·酰嘧）：可使用含量为5％＋60％的制剂每亩30～40克，茎叶处理使用，防除一年生阔叶草。

③酰嘧磺隆＋双氟磺草胺（双氟·酰嘧）：可使用含量为10.4％＋1.6％的制剂每亩9～11克，茎叶处理使用，防除一年生阔叶草。

6. 单嘧磺隆 Monosulfuron

磺酰脲类 ALS 抑制剂，内吸传导型除草剂。南开大学元素有机化学研究所1994年发现，天津市绿保农用化学科技开发有限公司2003年在我国登记上市。

防治对象：一年生阔叶草，如播娘蒿、荠、糖芥、泽漆、宝盖草、密花香薷等，对看麦娘、马唐、碱茅也有效。对卷茎蓼、萹蓄、藜防效差。

特点：碱性条件下可溶于水。可用于小麦和谷子田。

使用方法：冬小麦田茎叶喷雾。11月中下旬杂草第一次出苗高峰期施用，也可在杂草春季出苗高峰作为补救药剂施用。在小麦田的单剂登记用量为有效成分量3～4克/亩。后茬严禁种植油菜等十字花科作物，慎种旱稻、苋菜、高粱等作物。对大豆、花生、棉花安全性差，对油菜最不安全。

7. 双氟磺草胺 Florasulam

三唑并嘧啶磺酰胺类 ALS 抑制剂，内吸传导型除草剂。1998年被发现，美国陶氏益农公司开发上市，2005年开始在我国上市用于小麦田除草。

防治对象：一年生阔叶草，如猪殃殃、播娘蒿、荠、繁缕、田
紫草、泽漆及蓼属、菊科杂草等。对无心菜、藜和小藜防效欠佳。
由于长期连续使用，一些地区小麦田杂草对双氟磺草胺产生了抗药
性，该药对杂草的防效在种群间可能存在较大差异。

特点：杀草谱较广，可被杂草的根和茎叶吸收，在低温下药效
稳定，即使是在气温2℃时仍能保证稳定药效，用药后杂草枯死速
度慢。

使用方法：阔叶草2～5叶期茎叶处理使用。在小麦田的单剂
登记用量为有效成分量0.25～0.3克/亩。许多阔叶类作物以及韭
菜、葱、蒜等作物对双氟磺草胺敏感性高，飞防喷施须重视飘移药
害风险。

复配剂：

①吡氟酰草胺＋双氟磺草胺（吡酰草·双氟草）：可用含量为
15％＋1％的制剂每亩30～40毫升，茎叶处理使用，防除一年生阔
叶草。

②氯吡嘧磺隆＋双氟磺草胺（双氟·氯吡嘧）：可用含量为
56.3％＋18.7％的制剂每亩4～5.3克，茎叶处理使用，防除一年
生阔叶草。

③双氟磺草胺＋异丙隆＋甲基二磺隆（甲二隆·双氟草·异丙
隆）：可用含量为0.3％＋35.3％＋0.4％的制剂每亩100～130毫
升，茎叶处理使用，防除一年生杂草。

④双氟磺草胺＋异丙隆（双氟磺草胺·异丙隆）：可用含量为
0.2％＋49.8％的制剂每亩80～120毫升，茎叶处理使用，防除一
年生杂草。

⑤双氟磺草胺＋2甲4氯异辛酯（2甲·双氟）：可使用含量为
0.39％＋42.61％的制剂每亩60～100克，或0.6％＋45.4％的制
剂每亩40～50克，或1％＋35％的制剂每亩30～40克，茎叶处理
施药，防除一年生阔叶草。

⑥唑草酮＋双氟磺草胺＋2甲4氯异辛酯（2甲·双氟·唑、2

甲·唑·双氟）：可使用含量为 0.8％＋0.4％＋42.8％的制剂每亩 50～80 克，或 1.2％＋0.6％＋42.2％的制剂每亩 50～70 克，茎叶处理施药，防除一年生阔叶草。

⑦双氟磺草胺＋氯氟吡氧乙酸异辛酯＋2 甲 4 氯异辛酯（2 甲·氯·双氟）：可使用含量为 0.4％＋12％＋35.6％的制剂每亩 50～60 克，茎叶处理施药，防除一年生阔叶草。

⑧双氟磺草胺＋氯氟吡氧乙酸异辛酯（双氟·氯氟吡）：可使用含量为 0.5％＋14.5％的制剂每亩 50～80 克，或 0.6％＋15.4％的制剂每亩 40～60 克，或 1％＋29％的制剂每亩 30～35 克，或 1％＋21.6％的制剂每亩 50 克，茎叶处理施药，防除一年生阔叶草。

⑨双氟磺草胺＋甲基二磺隆＋氯氟吡氧乙酸异辛酯（二磺·氯吡酯·双氟草）：可使用含量为 1.5％＋2.5％＋22％的制剂每亩 15～20 毫升，茎叶处理施药，防除一年生杂草。

⑩双氟磺草胺＋唑草酮＋氯氟吡氧乙酸异辛酯（氯吡·唑·双氟）：可使用含量为 0.5％＋1.5％＋14％的制剂每亩 38～53 毫升，或 2％＋4％＋29％的制剂每亩 15～20 克，或 1％＋1％＋7.2％的制剂每亩 20～30 克，茎叶处理施药，防除一年生阔叶草。

⑪双氟磺草胺＋炔草酯＋氯氟吡氧乙酸异辛酯（氯吡酯·双氟草·炔草酯）：可使用含量为 0.5％＋8％＋9.3％的制剂每亩 40～50 毫升，茎叶处理施药，防除一年生杂草。

⑫双氟磺草胺＋甲基二磺隆＋2 甲 4 氯异辛酯（2 甲·二磺·双氟）：可使用含量为 1％＋1.5％＋45.5％的制剂每亩 40～50 毫升，或 0.6％＋0.9％＋23.5％的制剂每亩 40～60 毫升，或 1.2％＋1.8％＋47％的制剂每亩 30～40 毫升，茎叶处理施药，防除一年生杂草。

⑬唑嘧磺草胺＋双氟磺草胺（双氟·唑嘧胺）：可使用含量为 3.3％＋2.5％的制剂每亩 10～15 毫升，或 10％＋7.5％的制剂每亩 3～6 毫升，或 12％＋8％的制剂每亩 3～4 毫升，或 3.5％＋2.5％的制剂每亩 11.5～14 毫升，茎叶处理施药，防除一年生阔

叶草。

⑭双氟磺草胺＋氟氯吡啶酯（双氟·氟氯酯）：可使用含量为
10%＋10%的制剂每亩 5～6.5 克，茎叶处理施药，防除一年生阔
叶草。

⑮50%吡氟酰草胺＋20%双氟·氟氯酯（10%双氟磺草胺＋
10%氟氯吡啶酯）：每亩制剂量 15 毫升＋5 克，在冬小麦田杂草
1～3 叶期茎叶处理，防除一年生阔叶草。

⑯双氟磺草胺＋苯磺隆（双氟·苯磺隆）：可使用含量为
18.7%＋56.3%的制剂每亩 3～4 克，茎叶处理施药，防除一年生
阔叶草。

⑰双氟磺草胺＋氟唑磺隆（双氟·氟唑磺）：可使用含量为
15%＋35%的制剂每亩 4～6 克，茎叶处理施药，防除一年生阔叶
草和少数禾本科杂草。

⑱双氟磺草胺＋唑草酮（双氟·唑草酮）：可使用含量为 4%＋
6%的制剂每亩 6～10 克，或 1%＋2%的制剂每亩 30～50 克，或
2%＋3%的制剂每亩 15～20 克，茎叶处理施药，防除一年生阔
叶草。

⑲双氟磺草胺＋甲基二磺隆（双氟·二磺）：可使用含量为
2%＋4%的制剂每亩 14～16 克，或 1%＋3%的制剂每亩 20～30
克，或 0.25%＋0.75%的制剂每亩 80～120 克，或 0.5%＋1.5%
的制剂每亩 50～60 克，茎叶处理施药，防除一年生杂草。

⑳双氟磺草胺＋甲基二磺隆＋炔草酯（二磺·双氟·炔）：可
使用含量为 0.4%＋0.6%＋7%的制剂每亩 50～70 毫升，茎叶处
理施药，防除一年生杂草。

㉑双氟磺草胺＋炔草酯（双氟·炔草酯）：可使用含量为
0.5%＋6.5%的制剂每亩 50～80 毫升，茎叶处理施药，防除一年
生杂草。

㉒双氟磺草胺＋唑啉草酯（双氟磺草胺·唑啉草酯）：可使用
含量为 0.5%＋4.5%的制剂每亩 45～60 毫升，或 0.4%＋3.6%的
制剂每亩 90～110 毫升，茎叶处理施药，防除一年生杂草。

㉓双氟磺草胺＋唑草酮＋炔草酯（炔草酯·双氟·唑草酮）：可使用含量为 1％＋3％＋14％的制剂每亩 30～40 毫升，茎叶处理施药，防除一年生杂草。

㉔双氟磺草胺＋2,4-滴异辛酯＋炔草酯（滴辛酯·炔草酯·双氟）：可使用含量为 1％＋26％＋10％的制剂每亩 20～40 毫升，茎叶处理施药，防除一年生杂草。

㉕双氟磺草胺＋2,4-滴异辛酯（双氟·滴辛酯）：可使用含量为 0.6％＋45.3％的制剂每亩 30～40 毫升，或 1％＋54％的制剂每亩 25～33 毫升，或 0.6％＋45.4％的制剂每亩 30～40 毫升，或 0.7％＋41.3％的制剂每亩 40～60 毫升，茎叶处理施药，防除一年生阔叶草。

㉖啶磺草胺＋双氟磺草胺（啶磺草胺·双氟磺草胺）：可用含量为 3％＋1％的制剂每亩 20～30 克，茎叶处理使用，防除一年生阔叶草和部分禾本科杂草。

㉗酰嘧磺隆＋双氟磺草胺（双氟·酰嘧）：可使用含量为 10.4％＋1.6％的制剂每亩 9～11 克，茎叶处理使用，防除一年生阔叶草。

8. 啶磺草胺 Pyroxsulam

三唑并嘧啶磺酰胺类 ALS 抑制剂，内吸传导型除草剂，又称甲氧磺草胺。代表性商品名：优先。美国陶氏益农公司 2007 年开发上市，2012 年开始在我国上市。

防治对象：可有效防除看麦娘、日本看麦娘、大穗看麦娘、雀麦等小麦田一年生禾本科杂草，防除早熟禾需加量。对野老鹳草、婆婆纳、阿拉伯婆婆纳有效。可抑制硬草、野燕麦、多花黑麦草、救荒野豌豆、牛繁缕等杂草。对菵草、节节麦防效差。因小麦田杂草对该药容易产生抗药性，所以该药对杂草的防效在种群间可能存在较大差异。

特点：施药后杂草停止生长，一般 2～4 周后死亡；干旱、低温时杂草枯死速度稍慢；施药 1 小时后降雨不会显著影响药效。对冬小麦幼苗安全性高，可用于冬小麦田禾本科杂草 1～2 叶期茎叶处理或者作为复配组分用于土壤封闭兼早期茎叶处理。

使用方法：小麦田茎叶处理使用，冬前或早春施用，一年生禾本科杂草 2.5～5 叶期，杂草出齐后用药越早越好。在小麦田的单剂登记用量为有效成分量 0.6～1 克/亩。在冬麦区，啶磺草胺冬前茎叶处理使用正常用量 3 个月后可种植小麦、大麦、燕麦、玉米、大豆、水稻、棉花、花生、西瓜等作物；6 个月后可种植番茄、小白菜、油菜、甜菜、马铃薯、苜蓿等作物；如果种植其他后茬作物，事前应先进行安全性测试。想在上述时间内间作或套种其他作物的冬小麦田，不建议使用。不宜在霜冻低温（最低气温低于2℃）等恶劣天气前后施药，不宜在遭受旱灾、涝害、冻害、盐害、病害及营养不良的麦田施用，施用前后 2 天内也不可大水漫灌麦田。施药后麦苗有时会出现临时性黄化或蹲苗现象，正常使用情况下小麦返青后黄化消失，一般不影响产量。

复配剂：

①啶磺草胺＋异丙隆（啶磺草胺·异丙隆）：可用含量为1％＋79％的制剂每亩 70～90 毫升，茎叶处理使用，防除一年生禾本科杂草及部分阔叶草。

②啶磺草胺＋氟氯吡啶酯（啶磺·氟氯酯）：可用含量为 15％＋5％的制剂每亩 5～6.7 克，茎叶处理使用，防除一年生阔叶草和部分禾本科杂草。

③啶磺草胺＋双氟磺草胺（啶磺草胺·双氟磺草胺）：可用含量为 3％＋1％的制剂每亩 20～30 克，茎叶处理使用，防除一年生阔叶草和部分禾本科杂草。

④啶磺草胺＋唑啉草酯（啶磺草胺·唑啉草酯）：可用含量为0.8％＋5.2％的制剂每亩 40～80 克，茎叶处理使用，防除一年生禾本科杂草和少数阔叶草。

9. 精噁唑禾草灵 Fenoxaprop-P-ethyl

芳氧基苯氧基丙酸酯类 ACCase 抑制剂，内吸传导型除草剂。

代表性商品名：彪马（含安全剂）、威霸（不含安全剂）。1989 年由拜耳公司开发上市，在我国 1993 年开始登记在油菜、花生、大豆、棉花等旱地阔叶作物上使用，1998 年拜耳公司开发加入安全剂，登记在春小麦和冬小麦上使用。

防治对象： 可防除野燕麦、看麦娘、棒头草、硬草、碱茅、菵草、稗草、狗尾草等，但对硬草、菵草、日本看麦娘防效一般。对早熟禾、雀麦、节节麦、毒麦、冰草、黑麦草、鬼蜡烛防效差。因小麦田杂草对该药容易产生抗药性，所以该药对杂草的防效在种群间可能存在较大差异。

特点： 能有效防除小麦田多种禾本科恶性杂草。该药尽量早施，杂草分蘖后耐药性增强，防效较差，所以年后春防用药要适当增加用药量。用药时若遇低温，小麦叶片会轻微发黄，以后随其生长恢复正常。无土壤封闭除草活性。

使用方法： 茎叶处理使用，在冬小麦返青后至拔节期前使用。在小麦田的单剂登记用量为有效成分量 2.76～8 克/亩；春小麦田推荐剂量略高于冬小麦田。2,4-滴、2 甲 4 氯对精噁唑禾草灵有一定拮抗作用。施用后 3～4 天内若遇到寒流，可导致麦苗发黄，叶尖枯白，麦苗较小时可造成死苗。大麦田施用该药时常会出现药害，安全性不佳。某些裸大麦（青稞）品种则对精噁唑禾草灵较敏感，使用前应做安全性试验。施用后有蹲苗作用，前期大麦可能出现黄化或矮化现象，返青起身后黄化自然消失，可抑制大麦徒长倒伏，增产显著。

复配剂：

①精噁唑禾草灵＋异丙隆（噁禾·异丙隆）：可用含量为 2％＋48％的制剂每亩 60～80 毫升，茎叶处理使用，防除一年生禾本科杂草和少数阔叶草。

②精噁唑禾草灵＋噻吩磺隆＋苯磺隆（噻·噁·苯磺隆）：可用含量为 45％＋2％＋8％的制剂每亩 10～12 克，茎叶处理使用，防除一年生杂草。

③精噁唑禾草灵＋炔草酯（精噁·炔草酯）：可用含量为 6％＋

2％的制剂每亩 100～120 毫升，或 7.5％＋8.5％的制剂每亩 20～24 毫升，茎叶处理使用，防除一年生禾本科杂草。

10. 炔草酯 Clodinafop-propargyl

芳氧基苯氧基丙酸酯类 ACCase 抑制剂，内吸传导型除草剂，又称为炔草酸、炔草酸酯。代表性商品名：麦极。先正达公司 1991 年开发上市，2006 年开始在我国小麦田登记上市。

防治对象：大穗看麦娘、看麦娘、菵草、日本看麦娘、野燕麦、黑麦草、狗尾草等禾本科杂草。对雀麦、节节麦、早熟禾活性低。因小麦田杂草对该药容易产生抗药性，所以该药对杂草的防效在种群间可能存在较大差异。

特点：含有解毒喹的炔草酯制剂用于防除小麦田禾本科杂草。在低温、多雨、干燥等多种复杂的环境下均表现出卓越的防效。从炔草酯被吸收到杂草死亡时间较长，一般需 1～3 周。该药应尽量早用，杂草分蘖后耐药性增强，防效较差。

使用方法：春小麦 3～5 叶期，冬小麦返青期至拔节前茎叶处理使用，禾草 2～5 叶期施药效果最佳。在小麦田的单剂登记用量为有效成分量 3～5.28 克/亩。不同小麦品种对炔草酯的敏感性存在显著差异，炔草酯对部分小麦品种安全性差。炔草酯与精噁唑禾草灵杀草谱相当，但是炔草酯对麦苗的安全性较高，即使在低温期使用对麦苗的安全性也较好，并能发挥较好的灭草作用。但在炔草酯用量过大的情况下，会对麦苗生长产生一定的抑制作用，较明显的药害症状是小麦叶片黄化、生长受抑制。苯磺隆对炔草酯有一定的拮抗作用，混用时要适当增加炔草酯的用量，以保证对禾本科杂草的防效。

复配剂：

①氟唑磺隆＋异丙隆＋炔草酯（异丙·炔·氟唑）：可用含量为 2.5％＋60.5％＋5％的制剂每亩 70～90 克，茎叶处理使用，防除一年生禾本科杂草和少数阔叶草。

②异丙隆＋炔草酯（异丙隆·炔草酯）：可用含量为 30％＋

3%的制剂每亩 150～200 克，或 55.5%＋4.5%的制剂每亩 80～120 克，或 60%＋5%的制剂每亩 80～100 克，或 46%＋4%的制剂每亩 80～100 克，茎叶处理使用，防除一年生禾本科杂草和少数阔叶草。

③炔草酯＋苄嘧磺隆＋唑草酮（炔·苄·唑草酮）：可使用含量为 20%＋12%＋5%的制剂每亩 20～30 克，茎叶处理使用，防除一年生杂草。

④炔草酯＋苄嘧磺隆＋乙羧氟草醚（苄·羧·炔草酯）：可使用含量为 15%＋10%＋5%的制剂每亩 30～40 克，茎叶处理使用，防除一年生杂草。

⑤双氟磺草胺＋炔草酯＋氯氟吡氧乙酸异辛酯（氯吡酯·双氟草·炔草酯）：可使用含量为 0.5%＋8%＋9.3%的制剂每亩 40～50 毫升，茎叶处理施药，防除小麦田一年生杂草。

⑥炔草酯＋氯氟吡氧乙酸（氯吡·炔草酯）：可使用含量为 6%＋12%的制剂每亩 40～50 毫升，茎叶处理施药，防除小麦田一年生杂草。

⑦双氟磺草胺＋甲基二磺隆＋炔草酯（二磺·双氟·炔）：可使用含量为 0.4%＋0.6%＋7%的制剂每亩 50～70 毫升，茎叶处理施药，防除一年生杂草。

⑧双氟磺草胺＋炔草酯（双氟·炔草酯）：可使用含量为 0.5%＋6.5%的制剂每亩 50～80 毫升，茎叶处理施药，防除一年生杂草。

⑨双氟磺草胺＋唑草酮＋炔草酯（炔草酯·双氟·唑草酮）：可使用含量为 1%＋3%＋14%的制剂每亩 30～40 毫升，茎叶处理施药，防除一年生杂草。

⑩双氟磺草胺＋2,4-滴异辛酯＋炔草酯（滴辛酯·炔草酯·双氟）：可使用含量为 1%＋26%＋10%的制剂每亩 20～40 毫升，茎叶处理施药，防除一年生杂草。

⑪2 甲 4 氯钠＋炔草酯（2 甲·炔草酯）：可使用含量为 40%＋5%的制剂每亩 65～75 毫升，茎叶处理施药，防除一年生杂草。

⑫氟唑磺隆＋炔草酯（氟唑·炔草酯）：可使用含量为 5％＋10％的制剂每亩 35～50 克，或 6％＋10％的制剂每亩 30～40 克，或 6.5％＋6.5％的制剂每亩 30～40 克，或 6％＋12％的制剂每亩 30～33 克，茎叶处理施药，防除一年生禾本科杂草。

⑬甲基二磺隆＋氟唑磺隆＋炔草酯（二磺·氟唑磺·炔草酯）：可使用含量为 1％＋3.2％＋9.8％的制剂每亩 50～60 克，茎叶处理施药，防除一年生杂草。

⑭甲基二磺隆＋炔草酯（二磺·炔草酯）：可使用含量为 2％＋20％的制剂每亩 15～25 克，或 1％＋8％的制剂每亩 40～50 克，或 3％＋20％的制剂每亩 10～15 克，或 1.5％＋10％的制剂每亩 21～31 克，茎叶处理施药，防除一年生杂草。

⑮甲基二磺隆＋唑草酮＋炔草酯（二磺·炔草酯·唑草酮）：可使用含量为 1.5％＋2.5％＋8％的制剂每亩 20～30 克，茎叶处理施药，防除一年生杂草。

⑯炔草酯＋苯磺隆（苯磺·炔草酯）：可用含量为 10％＋4％的制剂每亩 40～50 克，或 20％＋10％的制剂每亩 15～20 克，或 10％＋5％的制剂每亩 30～40 克，茎叶处理使用，防除一年生杂草。

⑰精噁唑禾草灵＋炔草酯（精噁·炔草酯）：可用含量为 6％＋2％的制剂每亩 100～120 毫升，或 7.5％＋8.5％的制剂每亩 20～24 毫升，茎叶处理使用，防除一年生禾本科杂草。

⑱唑啉草酯＋炔草酯（唑啉·炔草酯）：可用含量为 4％＋6％的制剂每亩 55～75 毫升，或 2.5％＋2.5％的制剂每亩 60～100 毫升，或 5％＋5％的制剂每亩 40～50 毫升，或 10％＋10％的制剂每亩 20～25 毫升，茎叶处理使用，防除一年生禾本科杂草。

11. 禾草灵 Diclofop-methyl

芳氧基苯氧基丙酸酯类 ACCase 抑制剂，内吸传导型除草剂。日本石原公司首先开发，郝思特公司 1972 年第一个申请专利，在我国 2001 年开始登记使用。

防治对象：一年生禾本科杂草，如狗尾草属、千金子属杂草及野燕麦、稗草、牛筋草、多花黑麦草、自生玉米等。对黑麦草、看麦娘、稗草、马唐、狗尾草、画眉草、牛筋草、千金子防效好；对硬草、茵草、日本看麦娘防效欠佳；对狗牙根、白茅、芦苇、早熟禾等防效差。

特点：国内登记在春小麦田使用。资料报道可以在小麦、甜菜、大麦、洋葱、马铃薯、大豆、花生、向日葵、油菜等作物田使用。

使用方法：春小麦3～5叶期，禾本科杂草2～3叶期茎叶处理施药。在小麦田的单剂登记用量为有效成分量56～72克/亩。不宜在玉米、高粱、谷子、棉花田使用。不能与2甲4氯等苯氧乙酸类除草剂及百草敌、灭草松混用，也不宜与氮肥混用。土地湿度高时有利于药效发挥。

12. 唑啉草酯 Pinoxaden

新苯基吡唑啉类ACCase抑制剂，内吸传导型除草剂。代表性商品名：爱秀。先正达公司2005年开发上市，2010年开始在我国登记上市。

防治对象：可防除野燕麦、黑麦草、看麦娘、硬草、茵草、棒头草、大穗看麦娘、狗尾草、马唐、稗草及䅟草属杂草等禾本科杂草。对雀麦、节节麦、早熟禾活性低。因小麦田杂草对该药容易产生抗药性，所以该药对杂草的防效在种群间可能存在较大差异。

特点：主要通过杂草茎叶吸收，作用速度较快，对禾本科杂草的杀草谱较广。玉米、高粱对唑啉草酯敏感性高。

使用方法：一年生禾本科杂草3～5叶期，杂草生长旺盛期茎叶处理施用。在小麦田的单剂登记用量为有效成分量3～5克/亩。不推荐与激素类除草剂混用，如2,4-滴、2甲4氯、麦草畏等。避免在小麦生长不良或遭受涝害、冻害、旱害、盐碱害、病害等胁迫情况下使用，否则可能影响药效或导致作物药害。有研究显示在部分地区冬小麦3叶期后，该药可用于冬季化除，防除禾本科杂草。

复配剂：

①吡氟酰草胺＋异丙隆＋唑啉草酯（吡氟酰·异丙隆·唑啉草）：可用含量为 11％＋60％＋4％的制剂每亩 60～80 毫升，用于小麦田早期茎叶处理，防除一年生杂草。

②异丙隆＋唑啉草酯（异丙隆·唑啉草酯）：可用含量为 42％＋3％的制剂每亩 120～140 毫升，茎叶处理使用，防除一年生禾本科杂草。

③啶磺草胺＋唑啉草酯（啶磺草胺·唑啉草酯）：可用含量为 0.8％＋5.2％的制剂每亩 40～80 克，茎叶处理使用，防除一年生禾本科杂草和少数阔叶草。

④甲基二磺隆＋氟唑磺隆＋唑啉草酯（二磺·氟唑·唑啉草酯）：可使用含量为 1％＋3％＋6％的制剂每亩 40～60 克，茎叶处理施药，防除一年生杂草。

⑤甲基二磺隆＋唑啉草酯（甲基二磺隆·唑啉草酯、唑啉草酯·甲基二磺隆）：可使用含量为 1％＋5％的制剂每亩 60～100 克，或 1％＋7％的制剂每亩 35～55 克，茎叶处理施药，防除一年生杂草。

⑥唑啉草酯＋炔草酯（唑啉·炔草酯）：可用含量为 4％＋6％的制剂每亩 55～75 毫升，或 2.5％＋2.5％的制剂每亩 60～100 毫升，或 5％＋5％的制剂每亩 40～50 毫升，或 10％＋10％的制剂每亩 20～25 毫升，茎叶处理使用，防除一年生禾本科杂草。

⑦双氟磺草胺＋唑啉草酯（双氟磺草胺·唑啉草酯）：可使用含量为 0.5％＋4.5％的制剂每亩 45～60 毫升，或 0.4％＋3.6％的制剂每亩 90～110 毫升，茎叶处理施药，防除一年生杂草。

⑧氯氟吡氧乙酸异辛酯＋唑啉草酯（氯吡酯·唑啉草）：可使用含量为 20％＋5％的制剂每亩 40～60 毫升，或 8.6％＋3％的制剂每亩 100～140 毫升，茎叶处理施药，防除一年生杂草。

13. 三甲苯草酮 Tralkoxydim

环己烯酮类 ACCase 抑制剂，内吸传导型除草剂，又名肟草酮。先正达公司 1986 年开发上市，我国于 2013 年开始登记在小麦田使用。

防治对象：一年生禾本科杂草，如硬草、看麦娘、野燕麦、狗尾草、马唐等。对看麦娘、野燕麦活性好，对䅟草活性一般，对雀麦、多花黑麦草、节节麦活性低。因小麦田杂草对该类药容易产生抗药性，所以该药对杂草的防效在种群间可能存在较大差异。有资料报道三甲苯草酮对茵草活性低。

特点：叶面施药后被植物吸收，从韧皮部转移到生长点，抑制新的生长。杂草失绿后变色枯死，一般 3～4 周完全枯死。

使用方法：小麦苗后，禾本科杂草 2～5 叶期茎叶处理使用，单剂登记用量为有效成分量 26～32 克/亩。

14. 环吡氟草酮 Cypyrafluone

苯甲酰吡唑类（吡唑酮类）HPPD 抑制剂，内吸传导型除草剂，江苏清原农冠杂草防治有限公司开发，2018 年在我国获得登记。

防治对象：看麦娘、日本看麦娘、硬草、棒头草、鬼蜡烛、播娘蒿、荠、自生油菜、繁缕、牛繁缕、田紫草、婆婆纳、宝盖草等一年生杂草。但也有资料显示环吡氟草酮对日本看麦娘的防效不理想。

使用方法：冬小麦返青期至拔节前，杂草 2～5 叶期茎叶处理使用。在小麦田的单剂登记用量为有效成分量 9～12 克/亩。施药时应避免药液飘移到油菜、蚕豆等阔叶作物上，以免产生药害。

复配剂：

环吡氟草酮＋异丙隆（环吡·异丙隆）：可使用含量为 3％＋22％的制剂每亩 160～250 克，茎叶处理使用，防除一年生杂草。

15. 双唑草酮 Bipyrazone

苯甲酰吡唑类（吡唑酮类）HPPD 抑制剂，内吸传导型除草剂，江苏清原农冠杂草防治有限公司开发，2018 年在我国获得登记。

防治对象：可用于小麦田防除播娘蒿、荠、自生油菜、繁缕、
牛繁缕、田紫草、宝盖草等一年生阔叶草。

使用方法：小麦返青至拔节前，阔叶草 2～5 叶期茎叶处理使
用。在小麦田的单剂登记用量为有效成分量 2～2.5 克/亩。最适施
药温度为 10～25℃。施药时应避免药液飘移到邻近阔叶作物上，
以防产生药害。

复配剂：

氯氟吡氧乙酸异辛酯＋双唑草酮（氟吡·双唑酮）：可使用含
量为 16.5％＋5.5％的制剂每亩 30～50 毫升，茎叶处理使用，防
除一年生阔叶草。

16. 氯氟吡氧乙酸 Fluroxypyr

吡啶氧乙酸类内吸传导型苗后选择性除草剂。代表性商品名：
使它隆。美国陶氏益农公司 1983 年开发上市，在我国，氯氟吡氧
乙酸最早于 1991 年登记在小麦田使用。氯氟吡氧乙酸异辛酯转化
成氯氟吡氧乙酸起除草作用，288 克/升的氯氟吡氧乙酸异辛酯相
当于 200 克/升的氯氟吡氧乙酸。氯氟吡氧乙酸异辛酯效果通常稍
好于氯氟吡氧乙酸，因为它更容易被杂草叶片吸附。

防治对象：阔叶草，如猪殃殃、救荒野豌豆、卷茎蓼、马齿
苋、龙葵、田旋花、苋、鼬瓣花、酸模叶蓼、柳叶刺蓼、反枝苋、
鸭跖草、香薷、野豌豆等。对空心莲子草、猪殃殃、牛繁缕、泽
漆、救荒野豌豆、小藜、泥胡菜防效好；对播娘蒿、田旋花、麦瓶
草、卷茎蓼、荠、离蕊荠、球序卷耳、通泉草防效一般；对无心
菜、婆婆纳、宝盖草防效欠佳；对田紫草、雪见草、益母草防效
差。对禾本科和莎草科杂草无效。

特点：对小麦高度安全。施药后很快被植物吸收，使敏感植物
出现典型的激素类除草剂的反应，植株畸形、扭曲、死亡。杀草谱
广，安全，药效迅速。在土壤中残留时间较短，不会对下茬阔叶作
物产生影响。

使用方法： 小麦 3 叶期后茎叶处理使用，在小麦田的单剂登记用量为有效成分量 10～14 克/亩。对小麦安全性较好，药效受冬季温度影响较大，温度较低时药效发挥较慢，可使植物中毒后停止生长，但不立即死亡，气温升高后植物很快死亡。施药时应避免药液飘移到大豆、花生、甘薯、甘蓝等阔叶作物上。有研究表明小麦拔节后仍可用来防除阔叶草。

复配剂：

①苄嘧磺隆＋氯氟吡氧乙酸异辛酯（苄嘧·氯氟吡）：可用含量为 11％＋37％的制剂每亩 30～40 克，茎叶处理使用，防除一年生阔叶草。

②双氟磺草胺＋氯氟吡氧乙酸异辛酯＋2 甲 4 氯异辛酯（2 甲·氯·双氟）：可使用含量为 0.4％＋12％＋35.6％的制剂每亩 50～60 克，茎叶处理施药，防除一年生阔叶草。

③双氟磺草胺＋氯氟吡氧乙酸异辛酯（双氟·氯氟吡）：可使用含量为 0.5％＋14.5％的制剂每亩 50～80 克，或 0.6％＋15.4％的制剂每亩 40～60 克，或 1％＋29％的制剂每亩 30～35 克，或 1％＋21.6％的制剂每亩 50 克，茎叶处理施药，防除一年生阔叶草。

④双氟磺草胺＋甲基二磺隆＋氯氟吡氧乙酸异辛酯（二磺·氯吡酯·双氟草）：可使用含量为 1.5％＋2.5％＋22％的制剂每亩 15～20 毫升，茎叶处理施药，防除一年生杂草。

⑤双氟磺草胺＋唑草酮＋氯氟吡氧乙酸异辛酯（氯吡·唑·双氟）：可使用含量为 0.5％＋1.5％＋14％的制剂每亩 38～53 毫升，或 2％＋4％＋29％的制剂每亩 15～20 克，或 1％＋1％＋7.2％的制剂每亩 20～30 克，茎叶处理施药，防除一年生阔叶草。

⑥双氟磺草胺＋炔草酯＋氯氟吡氧乙酸异辛酯（氯吡酯·双氟草·炔草酯）：可使用含量为 0.5％＋8％＋9.3％的制剂每亩 40～50 毫升，茎叶处理施药，防除一年生杂草。

⑦唑草酮＋氯氟吡氧乙酸异辛酯＋苯磺隆（苯·唑·氯氟吡）：可用含量为 1.5％＋24.5％＋3.5％的制剂每亩 22～35 克，茎叶处理使用，防除一年生阔叶草。

⑧氯氟吡氧乙酸＋苯磺隆（氯吡·苯磺隆）：可用含量为17.3％＋2.7％的制剂每亩30～40克，或16.5％＋2.5％的制剂每亩30～40克，或14％＋4％的制剂每亩30～50克，茎叶处理使用，防除一年生阔叶草。

⑨炔草酯＋氯氟吡氧乙酸（氯吡·炔草酯）：可使用含量为6％＋12％的制剂每亩40～50毫升，茎叶处理施药，防除一年生杂草。

⑩氯氟吡氧乙酸异辛酯＋唑啉草酯（氯吡酯·唑啉草）：可使用含量为20％＋5％的制剂每亩40～60毫升，或8.6％＋3％的制剂每亩100～140毫升，茎叶处理施药，防除一年生杂草。

⑪氯氟吡氧乙酸异辛酯＋双唑草酮（氟吡·双唑酮）：可使用含量为16.5％＋5.5％的制剂每亩30～50毫升，茎叶处理使用，防除一年生阔叶草。

⑫2甲4氯＋氯氟吡氧乙酸（2甲·氯氟吡）：可使用含量为25％＋5％的制剂每亩125～150克，或30％＋6％的制剂每亩75～100克，或30％＋12％的制剂每亩50～70克，或33.5％＋8.5％的制剂每亩50～75克，或70％＋15％的制剂每亩30～40克，茎叶处理使用，防除一年生阔叶草。

⑬氯氟吡氧乙酸异辛酯＋辛酰溴苯腈（氯吡酯·辛溴腈）：可使用含量为11.5％＋22％的制剂每亩100～150毫升，茎叶处理使用，防除一年生阔叶草。

⑭氯氟吡氧乙酸＋唑草酮（氯吡·唑草酮）：可使用含量为10％＋2％的制剂每亩40～50毫升，茎叶处理使用，防除一年生阔叶草。

⑮氯氟吡氧乙酸异辛酯＋氟氯吡啶酯（氟氯·氯氟吡）：可用含量为38.8％＋1.2％的制剂每亩30～40克，茎叶处理使用，防除一年生阔叶草。可用于防除加拿大一枝黄花。

17. 氟氯吡啶酯 Halauxifen-methyl

吡啶甲酸类激素型除草剂，内吸传导型药剂。2016年陶氏益农公司开发并在我国登记上市。

防治对象：阔叶草。

特点：模拟高剂量天然植物生长激素的作用，引起特定生长激素调节基因的过度表达，干扰敏感植物的多个生长过程，进而杀死杂草。

使用方法：小麦田阔叶草 2 叶期后茎叶处理使用。在小麦田主要作复配剂组分使用。对小麦安全性好，小麦拔节后仍然可以用来补救防除阔叶草，对水生生物具有高毒性。

复配剂：

①双氟磺草胺＋氟氯吡啶酯（双氟·氟氯酯）：可使用含量为 10％＋10％的制剂每亩 5～6.5 克，茎叶处理施药，防除一年生阔叶草。

②啶磺草胺＋氟氯吡啶酯（啶磺·氟氯酯）：可用含量为 15％＋5％的制剂每亩 5～6.7 克，茎叶处理使用，防除一年生阔叶草和部分禾本科杂草。

③氯氟吡氧乙酸异辛酯＋氟氯吡啶酯（氟氯·氯氟吡）：可用含量为 38.8％＋1.2％的制剂每亩 30～40 克，茎叶处理使用，防除一年生阔叶草。可用于防除加拿大一枝黄花。

④50％吡氟酰草胺＋20％双氟·氟氯酯（10％双氟磺草胺＋10％氟氯吡啶酯）：每亩制剂量 15 毫升＋5 克，在冬小麦田杂草 1～3 叶期早期茎叶处理使用，防除一年生阔叶草。

18. 三氯吡氧乙酸 Triclopyr

吡啶氧羧酸类激素型除草剂，内吸传导型药剂。别名：盖灌能、绿草定。陶氏益农公司 1975 年开发上市，我国最早登记在非耕地除草，2022 年开始登记在小麦田使用。

防治对象：阔叶草，对部分莎草科杂草有效。

特点：能很快被植物的叶面和根系吸收，并传导到植物全株，作用于核酸代谢，使植物产生过量的核酸，一些组织转变成分生组织，造成植物叶片、茎和根生长畸形，贮藏物质耗尽，维管束组织被阻塞或破裂，植株逐渐死亡。在土壤中能被土壤微生物分解，持效期为 30～46 天，低温干燥条件下，持效期可延长，甚至超过 300 天。

使用方法：小麦 3 叶期后，杂草生长旺盛期茎叶喷雾使用。在小麦田的单剂登记用量为有效成分量 14.4～24 克/亩。小麦拔节期后使用存在药害风险。

19. 2 甲 4 氯 MCPA

苯氧羧酸类激素型除草剂，内吸传导型药剂。1946 年开发上市，标志着有机合成的第一类除草剂——苯氧羧酸类除草剂的诞生。我国 20 世纪 60 年代开始使用 2 甲 4 氯来防控作物田杂草。

防治对象：一年生阔叶草。对禾本科杂草无效。对播娘蒿、荠、离蕊芥等十字花科杂草及灰绿藜、泽漆、藜、空心莲子草等防效好；对马齿苋、香附子、苘麻防效一般；对猪殃殃、田旋花、宝盖草防效较差；对田紫草、婆婆纳、野荞麦、问荆、刺儿菜、球序卷耳、无心菜、救荒野豌豆防效差。

特点：可被植物根、茎、叶吸收并在植物体内传导，成本低，速度快，无残留，对后茬作物安全。适宜施药期短，过量施药、低温施药均会对小麦有药害，在气温低于 18℃时效果明显变差，对未出土的杂草效果不好。挥发性比 2,4-滴低，见效速度比其慢。

使用方法：小麦 5 叶期至拔节前茎叶处理使用。在小麦田的 2 甲 4 氯钠单剂登记用量为有效成分量 49.4～84 克/亩，2 甲 4 氯异辛酯单剂登记用量为有效成分量 34～54 克/亩，2 甲 4 氯二甲胺盐单剂登记用量为有效成分量 39～52 克/亩，2 甲 4 氯钾盐单剂登记用量为有效成分量 30～60 克/亩。对阔叶作物敏感，施药时应避免药液飘移药害。不可在小麦拔节期后使用。

复配剂：

①2 甲 4 氯＋绿麦隆（2 甲·绿麦隆）：可使用含量为 30.5％＋4.5％的制剂每亩 130～180 克，小麦 3 叶期后拔节期前茎叶处理使用，防除一年生杂草。勿在小麦 3 叶期以前或拔节后施药，否则会

有药害。稻茬小麦慎用。

②苄嘧磺隆＋2甲4氯钠（2甲·苄）：可用含量为3％＋15％的制剂每亩80～100克，或4％＋34％的制剂每亩40～60克，茎叶处理使用，防除一年生阔叶草。

③酰嘧磺隆＋2甲4氯（2甲·酰嘧）：可使用含量为5％＋60％的制剂每亩30～40克，茎叶处理使用，防除一年生阔叶草。

④唑草酮＋2甲4氯钠＋苯磺隆（苯·唑·2甲钠）：可用含量为2.4％＋50％＋2.6％的制剂每亩40～50克，茎叶处理使用，防除一年生阔叶草。

⑤2甲4氯钠＋苯磺隆（2甲·苯磺隆）：可用含量为50％＋0.8％的制剂每亩50～75克，茎叶处理使用，防除一年生阔叶草。

⑥2甲4氯钠＋炔草酯（2甲·炔草酯）：可使用含量为40％＋5％的制剂每亩65～75毫升，茎叶处理施药，防除一年生杂草。

⑦2甲4氯＋氯氟吡氧乙酸（2甲·氯氟吡）：可使用含量为25％＋5％的制剂每亩125～150克，或30％＋6％的制剂每亩75～100克，或30％＋12％的制剂每亩50～70克，或33.5％＋8.5％的制剂每亩50～75克，或70％＋15％的制剂每亩30～40克，茎叶处理使用，防除一年生阔叶草。

⑧2甲4氯钠＋灭草松（2甲·灭草松）：可使用含量为12％＋10％的制剂每亩250～350毫升，茎叶处理施药，防除一年生阔叶草。

⑨双氟磺草胺＋甲基二磺隆＋2甲4氯异辛酯（2甲·二磺·双氟）：可使用含量为1％＋1.5％＋45.5％的制剂每亩40～50毫升，或0.6％＋0.9％＋23.5％的制剂每亩40～60毫升，或1.2％＋1.8％＋47％的制剂每亩30～40毫升，茎叶处理施药，防除一年生杂草。

⑩双氟磺草胺＋氯氟吡氧乙酸异辛酯＋2甲4氯异辛酯（2甲·氯·双氟）：可使用含量为0.4％＋12％＋35.6％的制剂每亩50～60克，茎叶处理施药，防除一年生阔叶草。

⑪双氟磺草胺＋2甲4氯异辛酯（2甲·双氟）：可使用含量为

0.39％＋42.61％的制剂每亩 60～100 克，或 0.6％＋45.4％的制剂每亩 40～50 克，或 1％＋35％的制剂每亩 30～40 克，茎叶处理施药，防除一年生阔叶草。

⑫唑草酮＋双氟磺草胺＋2 甲 4 氯异辛酯（2 甲·双氟·唑、2甲·唑·双氟）：可使用含量为 0.8％＋0.4％＋42.8％的制剂每亩50～80 克，或 1.2％＋0.6％＋42.2％的制剂每亩 50～70 克，茎叶处理施药，防除一年生阔叶草。

⑬2 甲 4 氯钠＋唑草酮（2 甲·唑草酮）：可使用含量为66.5％＋4％的制剂每亩 35～45 克，或 60％＋4％的制剂每亩 40～55 克，茎叶处理施药，防除一年生阔叶草。

⑭2 甲 4 氯钠＋麦草畏（2 甲·麦草畏）：可使用含量为22.8％＋7.2％的制剂每亩 100～150 克，茎叶处理施药，防除一年生阔叶草。

⑮2 甲 4 氯＋辛酰溴苯腈（2 甲·辛酰溴、2 甲 4 氯酯·溴苯腈、2 甲·溴苯腈）：可使用含量为 17％（2 甲 4 氯钠）＋26％的制剂每亩 100～120 克，或 29.1％（2 甲 4 氯异辛酯）＋27.2％的制剂每亩 80～100 克，茎叶处理施药，防除一年生阔叶草。

20. 2,4-滴 2,4-D

苯氧羧酸类激素型除草剂，内吸传导型药剂。世界上第一个商业化的化学除草剂，1941 年美国波科尔尼（R. Pokorny）首次发表 2,4-滴合成法，1945 年该除草剂的商业化彻底改变了杂草防控技术模式。1963 年我国小麦田开始使用该药剂防控杂草。

防治对象：一年生阔叶草。对播娘蒿、荠、离蕊荠、泽漆、刺芹、密花香薷、自生油菜、藜、反枝苋防效好；对铁苋菜、马齿苋、麦瓶草、繁缕、苘麻防效一般；对猪殃殃、田紫草、婆婆纳、宝盖草、苦苣菜、苣荬菜、刺儿菜、田旋花、野慈姑、泽泻、雨久花、鸭舌草防效欠佳；对鸭跖草、节裂角茴香、卷茎蓼、问荆、龙葵、鼬瓣花、萹蓄防效差。

特点：禾本科作物对该药耐性较高，但在其幼苗、幼芽、幼穗分化期对该药较为敏感，用药过早、过晚，用量大都可能造成药害。

使用方法：小麦4叶期至拔节期茎叶处理使用。在小麦田的2,4-滴钠盐单剂登记用量为有效成分量68～106.25克/亩，2,4-滴异辛酯单剂登记用量为有效成分量36～50克/亩，2,4-滴二甲胺盐单剂登记用量为有效成分量30～64.8克/亩。小麦4叶期前和拔节后不可使用。气温较低时影响使用效果，一般应在18℃以上温度时施用。采用标准的喷雾器压低喷头减压使用，禁止使用弥雾机或超低容量喷雾。棉花、豆类、瓜类等双子叶作物及桃、梨、葡萄、槐等对该药剂敏感，施药时谨防飘移。

复配剂：

①双氟磺草胺＋2,4-滴异辛酯＋炔草酯（滴辛酯·炔草酯·双氟）：可使用含量为1％＋26％＋10％的制剂每亩20～40毫升，茎叶处理施药，防除一年生杂草。

②2,4-滴＋氨氯吡啶酸（滴·氨氯）：可使用含量为24％＋6.4％的制剂每亩80～100毫升，茎叶处理施药，防除一年生阔叶草。

③双氟磺草胺＋2,4-滴异辛酯（双氟·滴辛酯）：可使用含量为0.06％＋45.3％的制剂每亩30～40毫升，或1％＋54％的制剂每亩25～33毫升，或0.6％＋45.4％的制剂每亩30～40毫升，或0.7％＋41.3％的制剂每亩40～60毫升，茎叶处理施药，防除一年生阔叶草。

④甲基二磺隆＋2,4-滴异辛酯（二磺·滴辛酯）：可使用含量为2％＋50％的制剂每亩30～50克，或1％＋7％的制剂每亩35～55克，茎叶处理施药，防除一年生杂草。

⑤2,4-滴二甲胺盐＋麦草畏（滴胺·麦草畏、滴酸·麦草畏）：可使用含量为30％（2,4-滴二甲胺盐）＋11％的制剂每亩70～90克，或29.7％（2,4-滴）＋10.3％的制剂每亩75～90克，或25％（2,4-滴）＋11％的制剂每亩75～90克，茎叶处理施药，防除一年生阔叶杂草。

21. 麦草畏 Dicamba

苯甲酸类激素型除草剂，内吸传导型药剂。由美国维尔斯科尔化学公司于 1961 年创制，1967 年首次作为除草剂被报道并在美国登记。我国于 20 世纪 80 年代开始使用麦草畏防控小麦田杂草。

防治对象：一年生阔叶草。对播娘蒿、荠、藜、反枝苋、牛繁缕、救荒野豌豆防效好；对苍耳、马齿苋、猪殃殃，麦瓶草、萹蓄防效一般；对田旋花、苦苣菜、刺儿菜、宝盖草、球序卷耳防效欠佳；对田紫草、泽漆、婆婆纳、问荆防效差。资料报道可用于防除卷茎蓼、薄蒴草、鳢肠、一年蓬、艾蒿、香薷、繁缕等杂草。

特点：主要通过茎叶吸收，药剂被杂草吸收后集中在分生组织及代谢活动旺盛部位，阻碍植物激素的正常活动而使杂草死亡。禾本科植物吸收药剂后能进行代谢分解使之失效，从而对其表现较强的抗药性。一般阔叶草在 24 小时内即出现畸形、卷曲症状，15～20 天死亡，见效速度快，无残留，对后茬作物安全。缺点是适宜施药期短，过量施药、低温时施药均会对小麦造成药害。

使用方法：小麦 3 叶期至拔节期茎叶处理使用。在小麦田的单剂登记用量为有效成分量 7.2～19.2 克/亩。小麦 3 叶期前和拔节后不宜使用。不同小麦品种对麦草畏的敏感性不尽相同，应用前要进行药害风险检测。小麦苗由于受到不正常天气或病虫害影响生长发育异常时，不能使用该药。正常使用后，小麦、玉米苗在初期出现匍匐、倾斜或弯曲现象，一周后方可恢复。

复配剂：

①2 甲 4 氯钠＋麦草畏（2 甲·麦草畏）：可使用含量为 22.8％＋7.2％的制剂每亩 100～150 克，茎叶处理施药，防除一年生阔叶草。

②2,4-滴二甲胺盐＋麦草畏（滴胺·麦草畏、滴酸·麦草畏）：可使用含量为 30％（2,4-滴二甲胺盐）＋11％的制剂每亩 70～90 克，或 29.7％（2,4-滴）＋10.3％的制剂每亩 75～90 克，或 25％（2,4-滴）＋11％的制剂每亩 75～90 克，茎叶处理施药，防除一年

生阔叶杂草。

22. 二氯吡啶酸 Clopyralid

吡啶甲酸类激素型除草剂，内吸传导型除草剂，代表性商品名：龙拳。陶氏益农公司 1977 年开发上市。我国于 2007 年开始登记在小麦田使用。

防治对象：一年生阔叶草，如刺儿菜、苣荬菜、稻槎菜、鬼针草、救荒野豌豆等。

特点：通过植物根、叶吸收，破坏植物体内的激素平衡，产生过量核酸。使用时对茄子、番茄、马铃薯、豆类、向日葵等作物危害大，对后茬大豆、向日葵、胡萝卜药害风险高。芥菜型油菜田不可使用。

使用方法：春小麦 3～5 叶期茎叶处理使用，单剂登记用量为有效成分量 9～18 克/亩。施药时应避免药液飘移到敏感作物上，如大豆、花生、莴苣等。主要由微生物分解，降解速度受环境影响较大。正常推荐剂量下，药后 60 天，后茬可安全种植小麦、大麦、玉米及油菜等十字花科蔬菜。后茬如果种植大豆、花生等作物需间隔 1 年；如果种植棉花、向日葵、西瓜、番茄、红豆、绿豆、甘薯需间隔 18 个月；除此之外，如果种植其他后茬作物，应咨询当地植保部门或经过试验安全后方可种植。

23. 氨氯吡啶酸 Picloram

吡啶甲酸类激素型除草剂，内吸传导型药剂，又名毒莠定。陶氏公司 1963 年开发上市。我国于 2005 年开始登记在小麦田使用。

防治对象：一年生阔叶草，如钝叶酸模、皱叶酸模、丝路蓟、欧洲蓟、蒲公英、繁缕等。

特点：持效期长，通过植物叶和根迅速吸收，在敏感植物体内诱导产生偏上性，尤其在分生组织区表现明显，最终引起植物生长停滞并迅速死亡。广泛用于非耕地的杂草防除，现正被研究开发应用于油菜和禾谷类作物田杂草防除。该药剂对人类低毒，对哺乳动物、鸟类、鱼类、水生无脊椎动物的急性和慢性毒性均为低毒。

使用方法：与2,4-滴复配，于春小麦4～5叶期至分蘖盛期、阔叶草2～5叶期茎叶处理使用，主要作为复配剂组分使用。不可与呈碱性的农药等物质混合使用。蔬菜、果树、花卉及棉花、烟草、桉树等对该药剂敏感。

复配剂：

2,4-滴＋氨氯吡啶酸（滴・氨氯）：可使用含量为24％＋6.4％的制剂每亩80～100毫升，茎叶处理施药，防除一年生阔叶草。

24. 野燕枯 Difenzoquat

吡唑类内吸传导型除草剂，作用机制不详。美国氰胺公司1974年登记投产，我国于20世纪70年代开始在小麦田使用。

防治对象：野燕麦。

特点：资料报道也可用于大麦、黑麦等作物田防除野燕麦。

使用方法：春小麦田野燕麦3～5叶期茎叶喷雾使用，单剂登记用量为有效成分量80～100克/亩。选择晴天，无风时喷药，避免药液飘移到附近其他作物上。日平均温度10℃、相对湿度70％以上时，土壤墒情较好，药效更佳。推荐剂量下对小麦安全，不同品种小麦耐药性有差异，用药后可能会出现暂时褪绿现象，20天后可恢复正常，不影响产量。

25. 乙羧氟草醚 Fluoroglycofen-ethyl

二苯醚类PPO抑制剂，触杀型除草剂。美国罗门哈斯公司20世纪80年代初期开发，我国于2004年开始登记在小麦田使用。

防治对象：一年生阔叶草，如藜、龙葵、马齿苋、鸭跖草、刺儿菜等。

特点：对小麦和后茬作物安全性好，见效速度快。杂草易复发，只有在光照条件下才能充分发挥药效。用药后小麦叶片有轻重不同程度的黄色灼伤斑点，7天以后斑点逐渐消失。

使用方法：阔叶草 2～5 叶期茎叶处理使用，春小麦田的单剂登记用量为有效成分量 4～6 克/亩；在冬小麦田主要作为复配剂使用。间套有阔叶作物的田块不能使用。气温过高或作物局部触药过多时，会产生不同程度的灼伤斑，由于该药不具有内吸传导作用，经过 10～15 天后方可恢复。该药在光照条件下才能发挥效力，所以应在晴天施药。

复配剂：

①炔草酯＋苄嘧磺隆＋乙羧氟草醚（苄·羧·炔草酯）：可使用含量为 15％＋10％＋5％的制剂每亩 30～40 克，茎叶处理使用，防除一年生杂草。

②乙羧氟草醚＋苯磺隆（乙羧·苯磺隆）：可用含量为 15％＋5％的制剂每亩 15～20 克，或 10％＋10％的制剂每亩 12.5～15 克，在冬小麦田茎叶处理使用，防除一年生阔叶草。

26. 唑草酮 Carfentrazone-ethyl

三唑啉酮类 PPO 抑制剂，触杀型除草剂。其他名称：快灭灵、三唑酮草酯、唑草酯、唑酮草酯。美国富美实（FMC）公司 1997 年开发上市，我国 2000 年开始在小麦田登记使用。

防治对象：一年生阔叶草和莎草科杂草，如猪殃殃、野芝麻、婆婆纳、苘麻、萹蓄、藜、红心藜、牵牛、鼬瓣花、酸模叶蓼、柳叶刺蓼、卷茎蓼、反枝苋、铁苋菜、宝盖菜、苣荬菜、地肤、龙葵、白芥、荠、泽漆、田紫草、野老鹳草、球序卷耳等。对救荒野豌豆、繁缕、牛繁缕防效较差。

特点：在叶绿素生物合成过程中，通过抑制原卟啉原氧化酶导致有毒中间物积累，从而破坏杂草的细胞膜，使叶片迅速干枯、死亡。杀草速度快，受低温影响小，用药机会广，由于唑草酮有良好的耐低温和耐雨水冲刷效应，可在冬前气温降到很低时用药，也可在降雨频繁的春季抢在雨天间隙及时用药，而且对后茬作物安全，是麦田春季化除的优良除草剂。气温在 10℃ 以上时杀草速度快，低温期施药杀草速度会变慢。在有光的条件下药效好，喷药后 15

分钟内即被植物叶片吸收，3～4 小时后杂草就出现中毒症状，2～
4 天后死亡。

使用方法： 冬小麦田杂草 2～5 叶期或春小麦 3～5 叶期，杂草
1～8 叶期茎叶处理使用，单剂登记用量为有效成分量 1.6～2.4 克/
亩。在田间潮湿，晴天无风时茎叶喷雾处理。喷施唑草酮及其与苯
磺隆、2 甲 4 氯、苄嘧磺隆的复配剂时，药液中不能加洗衣粉、有
机硅等助剂，否则容易对作物产生药害。含唑草酮的药剂不宜与乳
油制剂混用，否则可能会影响唑草酮在药液中的分散性，使喷药后
药物在叶片上的分布不均，着药多的部位受到药害，但可分开
喷施。

复配剂：

①炔草酯＋苄嘧磺隆＋唑草酮（炔·苄·唑草酮）：可使用含
量为 20%＋12%＋5% 的制剂每亩 20～30 克，茎叶处理使用，防
除一年生杂草。

②唑草酮＋双氟磺草胺＋2 甲 4 氯异辛酯（2 甲·双氟·唑、2
甲·唑·双氟）：可使用含量为 0.8%＋0.4%＋42.8% 的制剂每亩
50～80 克，或 1.2%＋0.6%＋42.2% 的制剂每亩 50～70 克，茎叶
处理施药，防除一年生阔叶草。

③双氟磺草胺＋唑草酮＋氯氟吡氧乙酸异辛酯（氯吡·唑·双
氟）：可使用含量为 0.5%＋1.5%＋14% 的制剂每亩 38～53 毫升，
或 2%＋4%＋29% 的制剂每亩 15～20 克，或 1%＋1%＋7.2% 的
制剂每亩 20～30 克，茎叶处理施药，防除一年生阔叶草。

④双氟磺草胺＋唑草酮（双氟·唑草酮）：可使用含量为 4%＋
6% 的制剂每亩 6～10 克，或 1%＋2% 的制剂每亩 30～50 克，或
2%＋3% 的制剂每亩 15～20 克，茎叶处理施药，防除一年生阔
叶草。

⑤双氟磺草胺＋唑草酮＋炔草酯（炔草酯·双氟·唑草酮）：
可使用含量为 1%＋3%＋14% 的制剂每亩 30～40 毫升，茎叶处理
施药，防除一年生杂草。

⑥甲基二磺隆＋唑草酮＋炔草酯（二磺·炔草酯·唑草酮）：

可使用含量为 1.5％＋2.5％＋8％的制剂每亩 20～30 克，茎叶处理施药，防除一年生杂草。

⑦噻吩磺隆＋唑草酮（噻吩·唑草酮）：可用含量为 15％＋7％的制剂每亩 10～15 克，或 14％＋22％的制剂每亩 2.8～3.8 克，茎叶处理使用，防除一年生阔叶草。

⑧唑草酮＋氯氟吡氧乙酸异辛酯＋苯磺隆（苯·唑·氯氟吡）：可用含量为 1.5％＋24.5％＋3.5％的制剂每亩 22～35 克，茎叶处理使用，防除一年生阔叶草。

⑨唑草酮＋苯磺隆（唑草酮·苯磺隆）：可用含量为 22％＋14％的制剂每亩 4～5 克，或 10％＋14％的制剂每亩 8～12 克，或 16％＋20％的制剂每亩 6～8 克，或 14％＋22％的制剂每亩 5～8 克，或 10％＋16％的制剂每亩 6～10 克，或 22％＋18％的制剂每亩 3～5 克，或 12％＋16％的制剂每亩 5～6 克，茎叶处理使用，防除一年生阔叶草。

⑩唑草酮＋2 甲 4 氯钠＋苯磺隆（苯·唑·2 甲钠）：可用含量为 2.4％＋50％＋2.6％的制剂每亩 40～50 克，茎叶处理使用，防除一年生阔叶草。

⑪氯氟吡氧乙酸＋唑草酮（氯吡·唑草酮）：可使用含量为 10％＋2％的制剂每亩 40～50 毫升，茎叶处理使用，防除一年生阔叶草。

⑫2 甲 4 氯钠＋唑草酮（2 甲·唑草酮）：可使用含量为 66.5％＋4％的制剂每亩 35～45 克，或 60％＋4％的制剂每亩 40～55 克，茎叶处理施药，防除一年生阔叶草。

27. 吡草醚 Pyraflufen-ethyl

新型苯基吡唑类 PPO 抑制剂，触杀型除草剂。别名：吡氟苯草酯。日本农药株式会社开发，1988 年申请专利，1999 年上市，最早于 2006 年在我国登记在冬小麦田使用。

防治对象：一年生阔叶草，如猪殃殃、阿拉伯婆婆纳、野芝麻、繁缕等。对猪殃殃、打碗花、藜、萹蓄、繁缕效果好；对播娘蒿、泽漆、荠效果一般；对田紫草、泥胡菜、宝盖草防效差。

特点：具有速效性，可高效快速防除小麦田 2～4 叶期阔叶草，药后 48 小时开始出现干枯症状，传导性差。杂草易复发，施药后小麦茎叶上常有药斑。见光后药效能充分发挥。

使用方法：冬小麦田在冬前或春后杂草 2～4 叶期茎叶处理使用，单剂登记用量为有效成分量 0.6～0.8 克/亩。安全间隔期为收获前 45 天，每季最多使用 2 次。施药时应避免药液飘移到邻近的敏感作物田。勿与有机磷类药剂（乳油）以及 2,4-滴或 2 甲 4 氯（乳油）进行混用。小麦拔节后避免使用该药剂。

28. 灭草松 Bentazone

苯并噻二嗪酮类，触杀型茎叶除草剂，兼具内吸传导性，光系统 IIB 位点抑制剂。又名苯达松、排草丹、噻草平、百草克。1968 年由巴斯夫公司开发，1987 年开始在我国正式登记。

防治对象：田紫草、猪殃殃、苍耳、苣荬菜、刺儿菜、鸭跖草、问荆等多种阔叶草和莎草科杂草。

特点：灭草松对水稻和大豆高度安全。

使用方法：南方在小麦 2 叶 1 心期至 3 叶期，猪殃殃、田紫草等阔叶草子叶期至 2 轮叶期茎叶处理施药，北方在小麦苗后，阔叶草 2～4 叶期茎叶处理施药。在小麦田单剂登记用量为有效成分量 50～100 克/亩。灭草松对棉花、蔬菜、茶叶等阔叶作物较为敏感，施药时应注意避开。

复配剂：

2 甲 4 氯钠＋灭草松（2 甲·灭草松）：可使用含量为 12％＋10％的制剂每亩 250～350 毫升，茎叶处理施药，防除一年生阔叶草。

29. 辛酰溴苯腈 Bromoxynil octanoate

苯腈类光系统 IIB 位点抑制剂，触杀型除草剂，又称溴苯腈辛酸酯。1963 年德国拜耳公司开发的第一种苯腈类触杀型除草剂。

在我国，辛酰溴苯腈最早于 2000 年左右开始登记在小麦田使用。

防治对象：多种一年生阔叶草，如藜、苋、苘麻、苍耳、鸭跖草、田旋花、荠、苣荬菜、刺儿菜、问荆、龙葵等。对婆婆纳、田紫草、宝盖草、苘麻防效较好；对马齿苋无效。

特点：选择性苗后茎叶触杀型除草剂，通过抑制光合作用的各个过程迅速使植物组织坏死。在气温较高、光照较强的条件下，加速叶片枯死。在土壤中残留时间短，不影响后茬作物。资料报道其主要用在禾谷类、亚麻、大蒜、洋葱和新播种的草皮中芽后防除幼苗期阔叶草。

使用方法：小麦 3～5 叶期，一年生阔叶草 2～4 叶期茎叶处理使用，在小麦田单剂登记用量为有效成分量 25～37.5 克/亩。不宜与碱性农药混用。勿在高温天气或气温低于 8℃或在近期有严重霜冻的情况下使用，施药后须保证 6 小时内无雨。

复配剂：

①氯氟吡氧乙酸异辛酯＋辛酰溴苯腈（氯吡酯·辛溴腈）：可使用含量为 11.5%＋22%的制剂每亩 100～150 毫升，茎叶处理使用，防除一年生阔叶草。

②2 甲 4 氯＋辛酰溴苯腈（2 甲·辛酰溴、2 甲 4 氯酯·溴苯腈、2 甲·溴苯腈）：可使用含量为 17%（2 甲 4 氯钠）＋26%的制剂每亩 100～120 克，或 29.1%（2 甲 4 氯异辛酯）＋27.2%的制剂每亩 80～100 克，茎叶处理施药，防除一年生阔叶草。

第六章　我国小麦田主要杂草及其化学防控技术

一、禾本科杂草

作为禾本科作物的小麦与禾本科杂草亲缘关系接近，生物学和生态学习性及生理特性相似，因此小麦田禾本科杂草防治较为困难。就我国稻茬小麦田而言，发生普遍、危害严重的禾本科杂草主要包括菵草、日本看麦娘、看麦娘、多花黑麦草，局部地区棒头草、鬼蜡烛、早熟禾发生较重危害。就旱茬小麦而言，发生普遍、危害严重的禾本科杂草主要包括野燕麦、节节麦、多花黑麦草、雀麦、大穗看麦娘等，部分地区小麦田耿氏假硬草、鬼蜡烛等危害较重。春小麦田发生普遍、危害严重的禾本科杂草主要为狗尾草及稗属、马唐属杂草等。

1. 节节麦 *Aegilops tauschii*

秆高 20~80 厘米，叶鞘紧密包茎，平滑无毛而边缘具纤毛；叶舌薄膜质，长 0.5~1 毫米；叶片宽约 3 毫米，微粗糙，上面疏生柔毛。穗状花序圆柱形，含（5）7~10（13）个小穗；小穗圆柱形，长约 9 毫米，含 3~4（5）小花；颖革质，长 4~6 毫米，通常具 7~9 脉，或可达 10 脉以上，顶端截平或有微齿；外稃披针形，顶具长约 1 厘米的芒，第一外稃长约 7 毫米；内稃与外稃等长，脊上具纤毛。

我国目前登记使用的小麦田除草剂中，对节节麦有较好防效的茎叶处理剂为甲基二磺隆，且应在节节麦 2~5 叶期使用；氟唑磺隆对 1.5 叶期之前的节节麦有抑制作用但不足以防控其危害。目前我国已有抗 ALS 抑制剂节节麦种群的报道，因此甲基二磺隆对节节麦的防效可能会因种群而异。此外，研究报道土壤处理剂氟噻草胺、异丙隆具有一定的封闭效果。节节麦发生较多的小麦田宜在深翻耕、镇压、抽穗后剪穗处理等措施的基础上，规范使用前述土壤处理和茎叶处理药剂。

2. 看麦娘属 *Alopecurus* spp.

看麦娘（*Alopecurus aequalis*）：秆少数丛生，细瘦，光滑，节处常膝曲。叶鞘光滑，短于节间；叶舌膜质，长 2～5 毫米；叶片扁平，长 3～10 厘米，宽 2～6 毫米。圆锥花序圆柱状，灰绿色；小穗椭圆形或卵状长圆形，长 2～3 毫米；花药橙黄色。颖果长约 1 毫米。

日本看麦娘（*Alopecurus japonicus*）：秆少数丛生，直立或基部膝曲，具 3～4 节。叶鞘松弛；叶舌膜质，长 2～5 毫米；叶片上面粗糙，下面光滑，长 3～12 厘米，宽 3～7 毫米。圆锥花序圆柱状，长 3～10 厘米，宽 4～10 毫米；小穗长圆状卵形，长 5～6 毫米，外稃略长于颖，芒长 8～12 毫米，近稃体基部伸出，上部粗糙，中部稍膝曲；花药色淡或白色，长约 1 毫米。颖果半椭圆形，长 2～2.5 毫米。

大穗看麦娘（*Alopecurus myosuroides*）：秆直立，直径约 2 毫米。叶片宽约 3 毫米；叶舌长约 2 毫米。圆锥花序圆柱形，长达 8 厘米；小穗长圆形，长 4～5 毫米；外稃与小穗等长，膜质，具 5 脉，芒自背面中部以下发出，外露；花药长约 2 毫米。颖果长圆形，包于稃中，长约 2.5 毫米。

我国目前登记使用的小麦田除草剂中，对看麦娘属杂草防效较好的有砜吡草唑、丙草胺、绿麦隆、乙草胺、野麦畏、啶磺草胺、甲基二磺隆、精噁唑禾草灵、炔草酯、唑啉草酯、环吡氟草酮等。然而，目前我国小麦田看麦娘属杂草对茎叶处理除草剂抗药性发生严重，如精噁唑禾草灵、炔草酯、唑啉草酯等 ACCase 抑制剂类除草剂以及啶磺草胺、甲基二磺隆等 ALS 抑制剂类除草剂，所以这些除草剂对看麦娘属杂草的防效可能因田块而异。也有资料报道环吡氟草酮对日本看麦娘的防效不够理想。此外，吡氟酰草胺对看麦娘属杂草有一定的防效，用于复配可明显提高混剂的整体防效。

资料报道部分禾本科杂草防控药剂对日本看麦娘防效不佳，如氟唑磺隆、禾草灵。异丙隆和氟噻草胺对日本看麦娘的防效总体并不理想。吡氟酰草胺和氟唑磺隆对大穗看麦娘防效不佳。

3. 菵草 *Beckmannia syzigachne*

秆直立，具 2～4 节。叶鞘无毛，多长于节间；叶舌透明膜质，长 3～8 毫米；叶片扁平，长 5～20 厘米，宽 3～10 毫米。圆锥花序长 10～30 厘米，分枝稀疏，直立或斜升；小穗扁平，圆形，灰绿色，常含 1 小花，长约 3 毫米；花药黄色，长约 1 毫米。颖果黄褐色，长圆形，长约 1.5 毫米，先端具丛生短毛。

我国目前登记使用的小麦田除草剂中，对其防效较好的有砜吡草唑、氟噻草胺、乙草胺、丙草胺、异丙隆、甲基二磺隆、炔草酯、唑啉草酯。目前我国小麦田菵草对茎叶处理除草剂抗药性发生严重，如精噁唑禾草灵、炔草酯、唑啉草酯等 ACCase 抑制剂类除草剂以及啶磺草胺、甲基二磺隆等 ALS 抑制剂类除草剂，所以这些除草剂对菵草的防效可能因田块而异。

资料报道部分禾本科杂草防控药剂对其防效不佳，如扑草净、绿麦隆、氟唑磺隆、啶磺草胺、禾草灵。

4. 野燕麦 *Avena fatua*

须根较坚韧，秆直立，光滑无毛，高 60～120 厘米，具 2～4 节。叶鞘松弛，叶舌透明膜质，长 1～5 毫米；叶片扁平，长 10～30 厘米，宽 4～12 毫米。圆锥花序开展，金字塔形，长 10～25 厘米，分枝具棱角，粗糙；小穗长 18～25 毫米，含 2～3 小花，其柄弯曲下垂，顶端膨胀；小穗轴密生淡棕色或白色硬毛，其节脆硬易断落；外稃质地坚硬，第一外稃长 15～20 毫米，背面中部以下具淡棕色或白色硬毛，芒自稃体中部稍下处伸出，长 2～4 厘米，膝曲，芒柱棕色，扭转。颖果被淡棕色柔毛，腹面具纵沟，长 6～8 毫米。

我国目前登记使用的小麦田除草剂中，对野燕麦防效较好的有乙草胺、异丙隆、绿麦隆、野麦畏、甲基二磺隆、炔草酯、唑啉草酯、三甲苯草酮、啶磺草胺、精噁唑禾草灵、野燕枯。然而，已有研究报道了我国小麦田野燕麦对茎叶处理除草剂产生了抗药性，如精噁唑禾草灵、甲基二磺隆等，所以除草剂的防效可能因田块而异。

资料报道部分禾本科杂草防控药剂对野燕麦防效不佳，如氟噻草胺、吡氟酰草胺、氟唑磺隆。

5. 耿氏假硬草 *Pseudosclerochloa kengiana*

秆直立或基部斜升，高 20～30 厘米，具 3 节，节部较肿胀。叶鞘平滑，下部闭合，长于其节间，具脊；叶舌长 2～3.5 毫米；叶片线形，长 5～14 厘米，宽 3～4 毫米。圆锥花序直立，坚硬，长 8～12 厘米，宽 1～3 厘米，紧缩而密集；分枝平滑，粗壮，直立开展，常一长一短孪生于各节；小穗轴节间粗厚，长约 1 毫米。颖果纺锤形，长约 1.5 毫米。

我国目前登记使用的小麦田除草剂中，对其防效较好的有乙草胺、异丙隆、啶磺草胺、甲基二磺隆、炔草酯、唑啉草酯、三甲苯草酮、精噁唑禾草灵、环吡氟草酮。但目前我国小麦田已有耿氏假硬草种群对 ACCase 抑制剂和 ALS 抑制剂产生抗药性，所以啶磺草胺、甲基二磺隆、炔草酯、唑啉草酯、三甲苯草酮、精噁唑禾草灵等除草剂的防效可能因田块而异。

资料报道部分禾本科杂草防控药剂对耿氏假硬草防效不佳，如吡氟酰草胺、野麦畏、氟唑磺隆、禾草灵。

6. 多花黑麦草 *Lolium multiflorum*

秆直立或基部偃卧节上生根，高 50～130 厘米，具 4～5 节。

叶鞘疏松；叶舌长达 4 毫米，有时具叶耳；叶片扁平，长 10～20 厘米，宽 3～8 毫米，无毛，上面微粗糙。穗形总状花序直立或弯曲，长 15～30 厘米，宽 5～8 毫米；穗轴柔软；小穗含 10～15 小花，长 10～18 毫米，宽 3～5 毫米；外稃具细芒或上部小花无芒。颖果长圆形，长为宽的 3 倍。

我国目前登记使用的小麦田除草剂中，对其防效较好的有砜吡草唑、乙草胺、异丙隆、甲基二磺隆、炔草酯、唑啉草酯。然而，目前我国小麦田多花黑麦草对茎叶处理除草剂抗药性发生较重，如精噁唑禾草灵、炔草酯、唑啉草酯、甲基二磺隆对多花黑麦草的防效可能因田块而异。氟噻草胺对多花黑麦草具有一定的防效，有资料表明氟噻草胺＋吡氟酰草胺对其具有较好的土壤封闭效果。

资料报道部分禾本科杂草防控药剂对多花黑麦草防效不佳，如吡氟酰草胺、扑草净、氟唑磺隆、啶磺草胺、精噁唑禾草灵、三甲苯草酮。

7. 鬼蜡烛 *Phleum paniculatum*

秆细瘦，直立，丛生，基部常膝曲，高 3～45 厘米，具 3～5 节。叶鞘短于节间，紧密或松弛；叶舌膜质，长 2～4 毫米；叶片扁平，长 1.5～15 厘米，宽 2～6 毫米，先端尖。圆锥花序紧密，呈窄的圆柱状，长 0.8～10 厘米，宽 4～8 毫米，成熟后草黄色；小穗楔形或倒卵形，长 2～3 毫米。颖果长约 1 毫米。

我国目前登记使用的小麦田除草剂中，对鬼蜡烛防效较好的有砜吡草唑、乙草胺、异丙隆、绿麦隆、丙草胺、二甲戊灵、啶磺草胺、甲基二磺隆、炔草酯、唑啉草酯。

资料报道部分禾本科杂草防控药剂对鬼蜡烛防效不佳，如精噁唑禾草灵、吡氟酰草胺。

8. 早熟禾 *Poa annua*

秆直立或倾斜，质软，高 6～30 厘米，全体平滑无毛。叶鞘稍压扁，中部以下闭合；叶舌圆头；叶片扁平或对折，长 2～12 厘米，宽 1～4 毫米，质地柔软，常有横脉纹，顶端急尖呈船形。圆锥花序宽卵形，长 3～7 厘米，开展；分枝 1～3 枚着生各节；小穗卵形，含 3～5 小花，长 3～6 毫米，绿色；颖质薄，具宽膜质边缘，顶端钝；外稃卵圆形，脊与边脉下部具柔毛，间脉近基部有柔毛，基盘无绵毛。颖果纺锤形，长约 2 毫米。

我国目前登记使用的小麦田除草剂中，对早熟禾防效较好的有氟噻草胺、呋草酮、乙草胺、野麦畏、扑草净、异丙隆、绿麦隆、甲基二磺隆、环吡氟草酮。

早熟禾天然具有对 ACCase 抑制剂类除草剂的耐药性基因型，故精噁唑禾草灵、炔草酯、唑啉草酯、三甲苯草酮、禾草灵等对早熟禾防效不佳。用啶磺草胺防除早熟禾应加量。

9. 雀麦 *Bromus japonicus*

秆直立，高 40～90 厘米。叶鞘闭合，被柔毛；叶舌长 1～2.5 毫米；叶片长 12～30 厘米，宽 4～8 毫米，两面生柔毛。圆锥花序疏展，长 20～30 厘米，向下弯垂；分枝细，上部着生 1～4 枚小穗；小穗黄绿色，密生 7～11 小花，长 12～20 毫米；颖近等长，脊粗糙，边缘膜质；外稃椭圆形，草质，边缘膜质，芒自先端下部伸出，长 5～10 毫米；小穗轴短棒状，长约 2 毫米。同属的旱雀麦（*Bromus tectorum*）为西北春小麦田常见杂草。

我国目前登记使用的小麦田除草剂中，对雀麦防效较好的有啶磺草胺、氟唑磺隆。

资料报道部分禾本科杂草防控药剂对雀麦防效不佳，如氟噻草胺、吡氟酰草胺、精噁唑禾草灵、炔草酯、唑啉草酯、三甲苯草酮、禾草灵。

10. 稗属 *Echinochloa* spp.

稗属植物叶片扁平，线形。圆锥花序由穗形总状花序组成；小穗含 1～2 小花，背腹压扁呈一面扁平，一面凸起，单生或 2～

3个不规则地聚集于穗轴的一侧，近无柄；颖草质；第一颖小，三角形，长为小穗的 1/3～1/2 或 3/5；第二颖与小穗等长或稍短。春小麦田稗属杂草主要包括稗（*Echinochloa crus-galli*）、无芒稗（*Echinochloa crus-galli* var. *mitis*）、水田稗（*Echinochloa oryzoides*）。

稗：圆锥花序主轴粗糙或具疣基长刺毛，小穗长 3～4 毫米，同一株上小穗第一外稃的芒长短不一，长 0.5～1.5 厘米（甚至达 3 厘米）。

无芒稗：圆锥花序直立，分枝硬挺，分枝具有明显的小分枝，小穗长 3～4 毫米，无芒或具有不超过 5 毫米的尖头。

水田稗：也常被称为水稗、稻稗，秆粗壮直立，高达 1 米左右，径达 8 毫米。叶片扁平，线形。圆锥花序长 8～15 厘米，其上分枝常不具小枝；小穗卵状椭圆形，长 3.5～5 毫米；颖片的脉上被硬刺毛；第一外稃革质，光亮，先端尖至具极短的芒（长不超过 5 毫米）；第二外稃革质，平滑而光亮（除尖头外）。

我国目前登记使用的小麦田除草剂中，对稗属杂草防效较好的有砜吡草唑、吡氟酰草胺、乙草胺、丙草胺、扑草净、精噁唑禾草灵、唑啉草酯、甲基二磺隆等。有资料报道三甲苯草酮对稗属杂草活性较低。

11. 狗尾草 *Setaria viridis*

高大植株具支持根。秆直立或基部膝曲，高 10～100 厘米，基部径达 3～7 毫米。叶鞘松弛，边缘具较长的密绵毛状纤毛；叶舌极短，缘有长 1～2 毫米的纤毛；叶片扁平，基部钝圆形，边缘粗糙。圆锥花序紧密呈圆柱状或基部稍疏离，直立或稍弯垂，主轴被较长柔毛，长 2～15 厘米，宽 4～13 毫米（除刚毛外），刚毛长 4～12 毫米，通常绿色或褐黄到紫红或紫色；小穗 2～5 个簇生于主轴上或更多的小穗着生在短小枝上，椭圆形，先端钝，长 2～2.5 毫米，铅绿色。

我国目前登记使用的小麦田除草剂中，对狗尾草防效较好的有吡氟酰草胺、砜吡草唑、乙草胺、异丙隆、绿麦隆、精噁唑禾草灵、炔草酯、唑啉草酯、禾草灵、三甲苯草酮。

12. 马唐 *Digitaria sanguinalis*

秆直立或下部倾斜，膝曲上升，高 10～80 厘米，直径 2～3 毫米，无毛或节生柔毛。叶鞘短于节间，无毛或散生疣基柔毛；叶舌长 1～3 毫米；叶片线状披针形，边缘较厚，具柔毛或无毛。总状花序长 5～18 厘米，4～12 枚成指状着生于长 1～2 厘米的主轴上；穗轴直伸或开展，两侧具宽翼，边缘粗糙；小穗椭圆状披针形，长 3～3.5 毫米。同属的升马唐（*Digitaria ciliaris*）也常见于部分春小麦田。

我国目前登记使用的小麦田除草剂中，对马唐防效较好的有吡氟酰草胺、砜吡草唑、乙草胺、扑草净、异丙隆、绿麦隆、精噁唑禾草灵、禾草灵、唑啉草酯、三甲苯草酮。

二、阔叶类杂草

阔叶类杂草种类较多，不同气候区小麦田阔叶类杂草种类组成差异较大。阔叶类杂草与小麦的亲缘关系相对较远，因此除草剂在小麦与阔叶类杂草之间的选择性空间相对较大，故而小麦田阔叶类杂草化除总体上较为高效、安全。

1. 猪殃殃 *Galium spurium*

茜草科多枝、蔓生或攀缘状草本；茎有 4 棱角，棱上、叶缘及叶下面中脉上均有倒生小刺毛。叶 4～8 片轮生，近无柄；叶片纸质或近膜质，条状倒披针形，长 1～3 厘米，顶端有凸尖头，1 脉，干时常卷缩。聚伞花序腋生或顶生，单生或 2～3 个簇生；花小，黄绿色，4 数。果干燥，密被钩毛，果梗直立。

我国目前登记使用的小麦田除草剂中，对猪殃殃防效较好的有吡氟酰草胺、苄嘧磺隆、双氟磺草胺、唑嘧磺草胺、酰嘧磺隆、甲基碘磺隆钠盐、氯氟吡氧乙酸、氟氯吡啶酯、唑草酮、吡草醚、灭草松。

资料报道部分阔叶草防控药剂对猪殃殃防效不佳，如氟噻草胺、异丙隆、丙草胺、乙草胺、绿麦隆、甲基二磺隆、噻吩磺隆、苯磺隆、2甲4氯、2,4-滴、麦草畏。

2. 牛繁缕 *Stellaria aquatica*

石竹科铺散草本，具须根。茎上升，多分枝，上部被腺毛。叶片卵形或宽卵形，有时边缘具毛。顶生二歧聚伞花序；苞片叶状，边缘具腺毛；花梗细，长1～2厘米，花后伸长并向下弯，密被腺毛；萼片外面被腺柔毛；花瓣白色，2深裂至基部；雄蕊10，花柱5个，呈丝状。蒴果卵圆形，稍长于宿存萼。同属的繁缕常与其伴生于小麦田间。

我国目前登记使用的小麦田除草剂中，对牛繁缕防效较好的有异丙隆、丙草胺、氟噻草胺、呋草酮、吡氟酰草胺、二氯异噁草酮、氟吡酰草胺、双氟磺草胺、唑嘧磺草胺、甲基碘磺隆钠盐、噻吩磺隆、苯磺隆、苄嘧磺隆、氯氟吡氧乙酸、麦草畏、氨氯吡啶酸、吡草醚。但目前我国小麦田牛繁缕对ALS抑制剂类茎叶处理除草剂抗药性发生较重，所以ALS抑制剂类除草剂对牛繁缕的防效可能因田块而异。

资料报道部分阔叶草防控药剂对牛繁缕防效不佳，如乙草胺、唑草酮。

3. 荠 *Capsella bursa-pastoris*

十字花科直立草本，单一或从下部分枝。基生叶丛生，呈莲座状，大头羽状分裂，长可达12厘米，宽可达2.5厘米，偶有不裂至全缘；茎生叶基部箭形，抱茎，边缘有缺刻或锯齿。总状花序顶生及腋生，花瓣白色，卵形。短角果倒三角形或倒心状三角形，扁平，无毛，顶端微凹，裂瓣具网脉。

我国目前登记使用的小麦田除草剂中，对荠防效较好的有吡氟酰草胺、呋草酮、砜吡草唑、二氯异噁草酮、氟吡酰草胺、双氟磺草胺、唑嘧磺草胺、酰嘧磺隆、甲基碘磺隆钠盐、噻吩磺隆、甲基二磺隆、单嘧磺隆、苯磺隆、苄嘧磺隆、2甲4氯、唑草酮、双唑草酮。目前，已有一些研究报道了我国小麦田抗苯磺隆等 ALS 抑制剂的荠种群，所以 ALS 抑制剂类除草剂对荠的防效可能因田块而异。

资料报道部分阔叶草防控药剂对荠防效不佳，如氯氟吡氧乙酸、吡草醚。此外，荠抽薹后对除草剂的敏感性明显下降，因此对抽薹后的荠施用茎叶处理剂的防效常会明显下降。

4. 播娘蒿 *Descurainia sophia*

十字花科直立草本，高 20～80 厘米，茎分枝多，常于下部呈淡紫色。叶为 3 回羽状深裂，下部叶具柄，上部叶无柄。花序伞房状，果期伸长；萼片直立，早落；花瓣黄色，长圆状倒卵形，长 2～2.5 毫米，具"爪"。长角果圆筒状，长 2.5～3 厘米；果梗长 1～2 厘米。种子形小，长约 1 毫米，稍扁，淡红褐色，表面有细网纹。

我国目前登记使用的小麦田除草剂中，对播娘蒿防效较好的有呋草酮、砜吡草唑、氟氯吡啶酯、二氯异噁草酮、氟吡酰草胺、双氟磺草胺、唑嘧磺草胺、酰嘧磺隆、甲基碘磺隆钠盐、噻吩磺隆、甲基二磺隆、单嘧磺隆、苯磺隆、苄嘧磺隆、2甲4氯、唑草酮、双唑草酮。

资料报道部分阔叶草防控药剂对播娘蒿防效不佳，如氟噻草胺、野麦畏、氯氟吡氧乙酸、吡草醚。

5. 阿拉伯婆婆纳 *Veronica persica*

又称波斯婆婆纳。玄参科铺散多分枝草本；叶对生，卵形或圆形，边缘具钝齿。总状花序很长，苞片互生，与叶同形近等大，花萼果期增大，裂片卵状披针形，花冠蓝、紫或蓝紫色，裂片卵形或圆形。蒴果肾形，宿存花柱超出凹口。种子背面具深横纹。此外，同属的婆婆纳、直立婆婆纳也常见于小麦田，婆婆纳有时也可形成较重草害。

我国目前登记使用的小麦田除草剂中，对阿拉伯婆婆纳防效较好的有二氯异噁草酮、氟吡酰草胺、呋草酮、啶磺草胺、辛酰溴苯腈、乙羧氟草醚。

资料报道部分阔叶草防控药剂对阿拉伯婆婆纳和婆婆纳防效不佳，如异丙隆、绿麦隆、唑嘧磺草胺、甲基二磺隆、噻吩磺隆、氯氟吡氧乙酸、2 甲 4 氯、2,4-滴、麦草畏。

6. 刺儿菜 *Cirsium arvense* var. *integrifolium*

又称大蓟、小蓟。菊科多年生草本，茎直立，上部有分枝，花序分枝无毛或有薄茸毛。全部茎叶两面同色，绿色或下面色淡，两面无毛，极少两面异色，上面绿色，无毛，下面被稀疏或稠密的茸毛而呈现灰色。头状花序单生茎端，或植株含少数或多数头状花序在茎枝顶端排成伞房花序。总苞直径 1.5～2 厘米。总苞片约 6 层，覆瓦状排列。小花紫红色或白色。瘦果淡黄色，椭圆形或偏斜椭圆形，压扁，长 3 毫米，宽 1.5 毫米。冠毛污白色，多层，整体脱落；冠毛刚毛长羽毛状。

我国目前登记使用的小麦田除草剂中，对刺儿菜防效较好的有二氯吡啶酸、氨氯吡啶酸、乙羧氟草醚、唑草酮、灭草松、辛酰溴苯腈。

资料报道部分阔叶草防除药剂对刺儿菜防效不佳，如唑嘧磺草胺、噻吩磺隆、2 甲 4 氯、2,4-滴、麦草畏、异丙隆。

7. 野老鹳草 *Geranium carolinianum*

牻牛儿苗科一年生草本，根纤细，茎直立或仰卧，具棱角，密被倒向短柔毛。基生叶早枯，茎生叶互生或最上部对生；托叶披针形或三角状披针形；茎下部叶具长柄，上部叶柄渐短；叶片圆肾形，基部心形，掌状 5～7 裂近基部，背面主要沿脉被短伏毛。花序腋生和顶生，顶生总花梗常数个集生，花序呈伞状；萼片长卵形或近椭圆形；花瓣淡紫红色，倒卵形；雌蕊稍长于雄蕊，密被糙柔毛。蒴果长约 2 厘米，被短糙毛，果瓣由喙上部先裂向下卷曲。

我国目前登记使用的小麦田除草剂中，对野老鹳草防效较好的有乙草胺、噻吩磺隆、绿麦隆、灭草松、甲基碘磺隆钠盐。此外，异丙隆、2 甲 4 氯、2,4-滴、唑草酮对其也有一定的效果。

资料报道部分阔叶草防除药剂对野老鹳草防效不佳，如苯磺隆、甲基二磺隆、氯吡嘧磺隆、苄嘧磺隆、氟唑磺隆、吡氟酰草胺、扑草净、双氟磺草胺、啶磺草胺、氯氟吡氧乙酸、唑嘧磺草胺、二氯吡啶酸、乙羧氟草醚、麦草畏、氟氯吡啶酯。

8. 田旋花 *Convolvulus arvensis*

旋花科多年生草本，根状茎横走，茎平卧或缠绕，有条纹及棱角。叶卵状长圆形至披针形，全缘或 3 裂。花序腋生，总梗长 3～8 厘米，花柄比花萼长得多；苞片 2，线形，长约 3 毫米；萼片有毛，长 3.5～5 毫米；花冠宽漏斗形，长 15～26 毫米，白色或粉红色，5 浅裂；雄蕊 5，较花冠短一半；雌蕊较雄蕊稍长，柱头 2，线形。蒴果无毛，长 5～8 毫米。种子 4，卵圆形，无毛，长 3～4 毫米，暗褐色或黑色。同属的打碗花也常见于春小麦田。

我国目前登记使用的小麦田除草剂中，对田旋花防效较好的有氟噻草胺、酰嘧磺隆、辛酰溴苯腈、吡草醚、啶磺草胺、氯氟吡氧乙酸等。

资料报道部分阔叶草防除药剂对田旋花防效不佳，如乙草胺、异丙隆、绿麦隆、噻吩磺隆、苯磺隆、2 甲 4 氯、2,4-滴、麦草畏。

9. 密花香薷 *Elsholtzia densa*

唇形科草本，密生须根。茎直立，自基部多分枝，分枝细长，茎及枝均四棱形，具槽，被短柔毛。叶长圆状披针形至椭圆形，草质，两面被短柔毛；叶柄被短柔毛。穗状花序长圆形或近圆形，长 2～6 厘米，宽 1 厘米，密被紫色串珠状长柔毛，由密集的轮伞花序组成。花萼钟状，长约 1 毫米，萼齿 5，果时花萼膨大，近球形，外面极密被串珠状紫色长柔毛。唇形花冠小，淡紫色，长约 2.5 毫米，外面及边缘密被紫色串珠状长柔毛。小坚果卵珠形，暗褐色。同属的香薷也为北方地区春小麦田常见杂草。

我国目前登记使用的小麦田除草剂中，对密花香薷和香薷防效较好的有氟氯吡啶酯、氟噻草胺、唑嘧磺草胺、单嘧磺隆、氯氟吡氧乙酸、2,4-滴、麦草畏。

10. 鼬瓣花 *Galeopsis bifida*

唇形科草本，茎直立，分枝粗壮，钝四棱形，具槽，在节上加粗，茎被毛。叶卵圆状披针形或披针形，边缘有规则的圆齿状锯齿；叶柄长 1～2.5 厘米，腹平背凸，被短柔毛。轮伞花序腋生，多花密集；小苞片线形至披针形。花萼管状钟形，外面有平伸的刚毛，内面被微柔毛，齿 5，与萼筒近等长。花冠长约 1.4 厘米，冠筒漏斗状，"喉部"增大，冠檐二唇形。小坚果倒卵状三棱形，褐色。

我国目前登记使用的小麦田除草剂中，对鼬瓣花防效较好的有氟噻草胺、噻吩磺隆、氯氟吡氧乙酸、唑草酮。

11. 田紫草 *Lithospermum arvense*

又称麦家公。紫草科一年生草本，茎通常单一，自基部或仅上部分枝有短糙伏毛。叶无柄，倒披针形至线形，两面均有短糙伏毛。聚伞花序生枝上部，长可达 10 厘米，苞片与叶同形而较小；花序排列稀疏，有短花梗；花萼裂片线形，两面均有短伏毛；花冠高脚碟状，筒部长约 4 毫米，外面稍有毛。小坚果三角状卵球形，长约 3 毫米，灰褐色，有疣状突起。

我国目前登记使用的小麦田除草剂中，对田紫草防效较好的有异丙隆、双氟磺草胺、苯磺隆、环吡氟草酮、双唑草酮、唑草酮、灭草松、辛酰溴苯腈。

资料报道部分防除阔叶草的除草剂对田紫草防效不佳，如唑嘧磺草胺、砜吡草唑、噻吩磺隆、氯氟吡氧乙酸、2 甲 4 氯、2,4-滴、麦草畏、吡草醚。

12. 救荒野豌豆 *Vicia sativa*

又称大巢菜。豆科草本，茎斜升或攀援，具棱。偶数羽状复叶，叶轴顶端卷须有 2～3 分支；托叶戟形，通常 2～4 裂齿；小叶 2～7 对，长椭圆形或近心形，两面被贴伏黄柔毛。花腋生，近无梗；萼钟形，外面被柔毛，萼齿披针形或锥形；花冠紫红色或红色；子房线形，微被柔毛。荚果线长圆形，成熟时背腹开裂，果瓣扭曲。种子 4～8，圆球形，棕色或黑褐色。同属的窄叶野豌豆常与救荒野豌豆伴生于麦田间。

我国目前登记使用的小麦田除草剂中，对救荒野豌豆防效较好的有氟噻草胺、砜吡草唑、啶磺草胺、唑嘧磺草胺、甲基碘磺隆钠盐、噻吩磺隆、氟氯吡啶酯、氯氟吡氧乙酸、麦草畏、二氯吡啶酸、氨氯吡啶酸。

资料报道部分防除阔叶草的除草剂对救荒野豌豆防效不佳，如 2 甲 4 氯、唑草酮。

毕亚玲，2013. 小麦田日本看麦娘对精噁唑禾草灵和甲基二磺隆的抗性研究．泰安：山东农业大学．

陈国奇，宋杰辉，王茂涛，等，2020. 稻麦病虫草害飞防技术．北京：中国农业出版社．

陈国奇，袁树忠，郭保卫，等，2020. 稻田除草剂安全高效使用技术．北京：中国农业出版社．

段美生，杨宽林，李香菊，等，2005. 河北省南部小麦田节节麦发生特点及综合防除措施研究．河北农业科学，9：72-74.

付瑞霞，2020. 稻麦连作小麦田除草剂减量增效技术研究．南京：南京农业大学．

郭峰，2011. 日本看麦娘（*Alopecurus japonicus* Steud.）、野燕麦（*Avena fatua* L.）对精噁唑禾草灵及炔草酸的抗药性研究．北京：中国农业科学院．

胡立勇，丁艳峰，2019. 作物栽培学．2 版．北京：高等教育出版社．

李广阔，张航，杨安沛，等，2021. 新疆农田杂草治理的主要问题及防控建议．杂草学报，39：1-6.

李凌绪，2014. 菵草对精噁唑禾草灵的抗性研究．泰安：山东农业大学．

李扬汉，1998. 中国杂草志．北京：中国农业出版社．

梁帝允，李香菊，2017. 小麦田杂草防控技术．北京：中国农业科学技术出版社．

鲁传涛，吴仁海，王恒亮，等，2014. 农田杂草识别与防治原色图鉴．北京：中国农业科学技术出版社．

鲁传涛，张玉聚，王恒亮，等，2014. 除草剂原理与应用原色图谱．北京：中国农业科学技术出版社．

潘浪，2018. 麦田菵草（*Beckmannia syzigachne*）对精噁唑禾草灵抗药性及其机理研究．南京：南京农业大学．

强胜，方精云，2022. 中国植物保护百科全书·杂草卷．北京：中国林业出版社．

曲明静，曲春娟，高兴祥，等，2024. 40％砜吡草唑悬浮剂的除草活性及对花生的安全性评价．植物保护，50：295-303.

施星雷，2020. 稻麦（油）连作区杂草子实漂浮特性及其在生态控草技术中的应用研究，南京：南京农业大学．

隋标峰，2010. 节节麦（*Aegilops tauschii* Coss.）不同种群对甲基二磺隆的敏感性差异研究．北京：中国农业科学院．

田志伟，薛新宇，李林，等，2019. 植保无人机施药技术研究现状与展望．中国农机化学报，40：37-45.

王荣栋，尹经章，2015. 作物栽培学．2版．北京：高等教育出版社．

王学林，2023. 麦田恶性杂草大穗看麦娘的蔓延危害与防除对策．安徽农学通报（14）：102-105.

魏守辉，强胜，马波，等，2005. 不同作物轮作制度对土壤杂草种子库特征的影响．生态学杂志，24：385-389.

魏有海，2012. 春小麦春油菜轮作区不同耕作方式下杂草群落演替及化学控制研究．咸阳：西北农林科技大学．

徐丹，2019. 野老鹳草（*Geranium carolinianum*）的种子生物学特性及化学防除技术．南京：南京农业大学．

徐洪乐，2015. 小麦田日本看麦娘（*Alopecurus japonicus*）对精噁唑禾草灵抗药性及靶标酶抗性机理研究．南京：南京农业大学．

许贤，2015. 播娘蒿对苯磺隆抗性水平差异机理研究．北京：中国农业大学．

严佳瑜，张亚萍，宋坤，等，2021. 不同耕作深度和轮作模式下上海稻田杂草土壤种子库特征．上海农业学报，37：82-86

张峥，2016. 稻麦连作田杂草种子库动态、水流传播机制及其可持续管理模式的研究．南京：南京农业大学．

中国农业科学院植物保护研究所，中国植物保护学会，2018. 中国农作物病虫害：下册．3版．北京：中国农业出版社．

CHEN G，AN K，CHEN Y，et al.，2023. Double-spraying with different routes significantly improved control efficacies of herbicides applied by unmanned aerial spraying system：A case study with rice herbicides. Crop Protection，167.

CHEN G，AN K，CHEN Y，et al.，2024. Double-spraying with different routes significantly improved the performance of both pre- and post-emer-

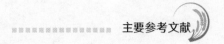
gence wheat herbicides applied by unmanned aerial spraying systems. Crop Protection, 176.

QU X, ZHANG Z, GAO P, et al. , 2021. Intra- and cross-field dispersal of *Beckmannia syzigachne* seed by a combine harvester. Pest Management Science, 77: 4109-4116.

SWANTON C J, SHRESTHA A, KNEZEVIC S Z, et al. , 2000. Influence of tillage type on vertical weed seedbank distribution in a sandy soil. Canadian Journal of Plant Science, 80 (2): 455-457.

WRZESINSKA E, PUZYNSKI S, KOMOROWSKA A, 2013. The effect of tillage systems on soil seedbank. Acta Agrobotanica, 66: 113-118.

YANG S, XU P, JIANG S, et al. , 2022. Downwash characteristics and analysis from a six-rotor unmanned aerial vehicle configured for plant protection. Pest Management Science, 78: 1707-1720.

图书在版编目（CIP）数据

麦田除草剂安全高效使用与飞防技术 / 陈国奇主编.
北京：中国农业出版社，2025. 2. -- ISBN 978-7-109-
32908-9

Ⅰ. S482. 4

中国国家版本馆 CIP 数据核字第 20254VL829 号

麦田除草剂安全高效使用与飞防技术
MAITIAN CHUCAOJI ANQUAN GAOXIAO SHIYONG YU FEIFANG JISHU

中国农业出版社出版

地址：北京市朝阳区麦子店街 18 号楼
邮编：100125
责任编辑：阎莎莎　文字编辑：刘　玥
版式设计：王　晨　责任校对：吴丽婷
印刷：北京通州皇家印刷厂
版次：2025 年 2 月第 1 版
印次：2025 年 2 月北京第 1 次印刷
发行：新华书店北京发行所
开本：880mm×1230mm　1/32
印张：4.5　插页：16
字数：150 千字
定价：32.00 元

附　图

我国小麦田主要杂草

节节麦

①成熟果穗　②植株　③小穗　④在小麦田危害状

看麦娘

①植株　②幼苗　③群体　④果穗　⑤叶舌　⑥花序

日本看麦娘

①植株　②在小麦田危害状　③花序　④叶舌　⑤幼苗

大穗看麦娘

①植株　②日本看麦娘（左）和大穗看麦娘（右）种子　③幼苗　④在小麦田危害状

菵草

①植株　②幼苗　③花序　④叶舌　⑤在小麦田危害状

野燕麦

①果穗　②植株　③在小麦田危害状　④叶舌和叶片边缘

耿氏假硬草

①幼苗　②果穗　③植株　④在小麦田危害状

多花黑麦草
①植株 ②花序 ③种子 ④在小麦田危害状 ⑤幼苗

鬼蜡烛

①果穗　②花序　③在小麦田危害状　④植株

早熟禾

①植株　②花序　③在小麦田危害状　④幼苗

雀麦

①植株　②花序和叶　③小穗　④在小麦田危害状

稗草和水田稗

①水田稗果穗　②稗草植株　③稗草果穗　④水田稗幼苗　⑤稗草幼苗

狗尾草

①果穗 ②果实成熟植株 ③植株 ④幼苗

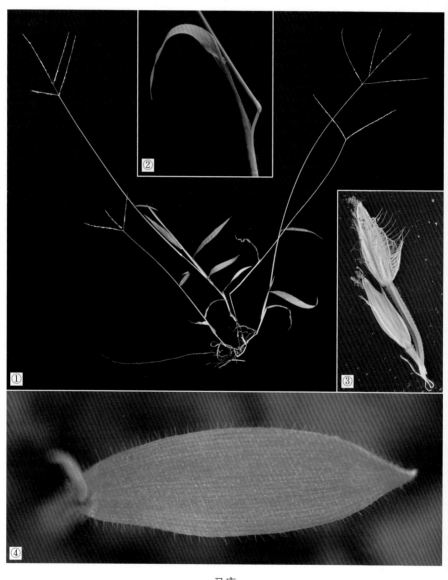

马唐

①植株 ②茎、叶 ③小穗 ④幼苗

猪殃殃

①植株　②花序　③种子和幼苗　④群体　⑤在小麦田危害状

繁缕和牛繁缕

①牛繁缕花序　②繁缕花序　③牛繁缕幼苗　④繁缕植株　⑤两种混生在小麦田危害状

荠

①群体 ②幼苗 ③植株 ④在小麦田危害状

播娘蒿

①植株　②在小麦田危害状　③幼苗　④果穗

婆婆纳和阿拉伯婆婆纳

①阿拉伯婆婆纳群体　②阿拉伯婆婆纳在小麦田危害状　③婆婆纳植株

④阿拉伯婆婆纳幼苗　⑤阿拉伯婆婆纳果穗

刺儿菜

①在小麦田危害状　②花序　③植株

野老鹳草

①花序 ②果穗 ③幼苗 ④在小麦田危害状 ⑤植株

田旋花

①在小麦田危害状　②群体　③植株

密花香薷

①植株　②幼苗　③在小麦田危害状　④花序　⑤群体

鼬瓣花

①植株　②花序

田紫草

①植株　②花　③果实

救荒野豌豆和窄叶野豌豆

①救荒野豌豆植株　②窄叶野豌豆植株　③救荒野豌豆花序　④窄叶野豌豆荚果

问荆

①植株　②群体　③枝

棒头草

①在小麦田危害状 　②单枝 　③花序 　④植株 　⑤幼苗 　⑥成熟果穗

泽漆

①成株 ②花、果 ③苗期植株 ④在小麦田危害状

酸模叶蓼

①花序　②幼苗　③托叶鞘　④在小麦田危害状　⑤茎、叶　⑥植株

小藜

①植株　②花　③在小麦田危害状　④幼苗

龙葵

①植株　②、③花序　④果实